高危行业农民工安全生产培训丛书

煤矿企业
农民工安全生产常识

（第二版）

袁河津　编著

U0248293

中国劳动社会保障出版社

图书在版编目(CIP)数据

煤矿企业农民工安全生产常识/袁河津编著. —2 版.
—北京：中国劳动社会保障出版社，2014
（高危行业农民工安全生产培训丛书）
ISBN 978 - 7 - 5167 - 1080 - 7

Ⅰ.①煤…　Ⅱ.①袁…　Ⅲ.①煤矿企业-安全生产-基本
知识-中国　Ⅳ.①TD7

中国版本图书馆 CIP 数据核字(2014)第 096634 号

中国劳动社会保障出版社出版发行

（北京市惠新东街 1 号　邮政编码：100029）

*

北京金明盛印刷有限公司印刷装订　新华书店经销

880 毫米×1230 毫米　32 开本　8.625 印张　156 千字
2014 年 5 月第 2 版　　2014 年 5 月第 1 次印刷

定价：**20.00 元**

读者服务部电话：(010) 64929211/64921644/84643933
发行部电话：(010) 64961894
出版社网址：http://www.class.com.cn

前　　言

农民工是我国改革开放和工业化、城镇化进程中涌现的一支新型劳动大军，是推动我国社会经济发展的重要力量。目前，全国进城务工和在工矿商贸等企业就业的农民工总数超过2亿人，其中进城务工人员为1.2亿人左右。农民工为我国农村发展、城市繁荣和现代化建设作出了重要贡献，已成为产业工人的重要组成部分。

与此同时，农民工在生产劳动中的安全保障问题也越来越突出。据资料统计，企业中发生的生产安全伤亡事故，80％以上发生在农民工比较集中的中小企业；全国重特大伤亡事故与职业病新发生病例，基本上发生在农民工比较集中的煤矿、金属非金属矿山、危险化学品、烟花爆竹等高危行业。造成这些问题的重要原因之一，是企业安全生产培训主体责任不落实，对农民工的安全培训不到位，农民工的整体安全意识淡薄，缺乏必要的安全知识和自我防范能力。因此，强化农民工的安全意识，提高农民工的安全知识水平，加强对职业危害性较大的高危行业农民工的安全教育培训，已成为当前保护农民工根本利益和促进安全生产形势稳定好转的一项紧迫任务。

　　本套丛书涵盖了煤矿、金属非金属矿山、危险化学品、烟花爆竹等高危行业，本着少而精、实用、管用的原则，以增强农民工安全生产意识、掌握安全生产常识和现场操作技能为重点编写。主要内容包括：安全生产法律法规；安全生产基本常识；安全生产操作规程；从业人员安全生产的权利和义务；事故案例分析；工作环境及危险因素分析；危险源和隐患源辨识；个人防险、避灾、自救方法；事故现场紧急疏散和应急处置；安全设施和个人劳动防护用品的使用和维护；职业病防治等。针对农民工的认知水平和特点，教材编写在内容上深入浅出，语言上通俗易懂，形式上图文并茂，以安全生产常识培训教育为主，既可用于培训机构进行培训和教学，也便于农民工理解和自学。

　　安全生产、劳动保护事关劳动者的身体健康和生命安全，是农民工最基本的劳动权利。我们衷心祝愿广大的农民工兄弟，通过本套丛书的学习培训，进一步提高自身安全素质，在生产劳动中努力做到"不伤害自己，不伤害他人，不被他人所伤害"。同时也希望各生产经营单位，严格按照有关法律法规的规定，认真落实安全生产、安全培训的主体责任，保障安全生产，实现企业的可持续发展。

丛书编写组
2014 年 4 月

内 容 简 介

本书内容包括煤矿安全生产方针和法律法规、矿井基本概况、煤矿农民工下井须知、煤矿隐蔽致灾因素防治基础知识、煤矿农民工权利义务和班组安全管理、煤矿农民工劳动保护及职业病防治常识、自救互救和自救器使用共七章。

本书由国家安全生产监督管理总局培训中心根据国家安全生产监督管理总局、国家煤矿安全监察局 2005 年颁布的《关于加强煤矿安全培训工作的若干意见》《煤矿安全培训监督检查办法（试行）》，关于"对全体煤矿职工特别是农民工（包括劳务工、轮换工、协议工、季节工等）进行严格的安全培训。未经培训或培训考核不合格者，一律不得上岗作业"的规定，以及《煤矿安全培训大纲》的具体要求编写。《煤矿企业农民工安全生产常识》第一版发行后，我国煤矿安全生产面貌发生了很大变化。本书结合近期新颁布施行的国家安全法律法规、部门规章和规定，安全管理新水平、新模式，近期发生的典型煤矿生产安全新事故，安全操作技能新方法，煤矿井下紧急避险系统新技术和煤矿安全质量标准化新标准等进行了修订。相信通过本书的学习培训，能极大地提高农民工安全生产综合素质，进一步巩固和发展我国煤矿安全生产稳定好转状况。

本书可供煤矿企业农民工安全培训使用，也可供企业其他职工参考学习。

本书由教授级高工袁河津编著。

目　　录

第一章　煤矿安全生产方针和法律法规……………（ 1 ）

第一节　煤炭工业在国民经济中的地位…………（ 1 ）

第二节　当前我国煤矿安全生产状况……………（ 4 ）

第三节　煤矿安全生产方针………………………（ 8 ）

第四节　煤矿主要安全法律法规…………………（ 13 ）

第二章　矿井基本概况……………………………（ 27 ）

第一节　煤的形成及其赋存状态…………………（ 27 ）

第二节　地质构造…………………………………（ 32 ）

第三节　矿井开拓方式……………………………（ 36 ）

第四节　矿井主要生产系统………………………（ 41 ）

第三章　煤矿农民工下井须知……………………（ 47 ）

第一节　入矿后安全教育培训……………………（ 47 ）

第二节　井下安全设施与安全标志………………（ 52 ）

第三节　下井前准备工作…………………………（ 60 ）

第四节　采掘作业常识……………………………（ 66 ）

I

第四章　煤矿隐蔽致灾因素防治基础知识………………（90）

第一节　矿井"一通三防"基础知识……………………（90）

第二节　顶板事故预防基础知识…………………………（129）

第三节　井下透水防治基础知识…………………………（150）

第四节　机电、运输和爆破安全基础知识…………（156）

第五章　煤矿农民工权利义务和班组安全管理…………（173）

第一节　煤矿农民工权利和义务…………………………（173）

第二节　煤矿班组安全生产管理…………………………（177）

第三节　"三违"和对"三违"人员的管理…………（187）

第四节　职业道德及安全职责……………………………（194）

第六章　煤矿农民工劳动保护及职业病防治常识………（199）

第一节　劳动保护常识……………………………………（199）

第二节　劳动合同常识……………………………………（208）

第三节　工伤保险常识……………………………………（218）

第四节　职业病防治常识…………………………………（225）

第七章　自救互救和自救器使用……………………………（233）

第一节　发生事故时现场人员的行动原则…………（233）

第二节　灾害事故时自救互救方法……………………（236）

第三节　创伤现场主要急救方法………………………（246）

第四节　自救器及其使用方法…………………………（253）

第一章 煤矿安全生产方针和法律法规

学习目的：

通过本章的学习，初步了解煤炭工业在国民经济中的地位和作用以及当前我国煤矿安全生产状况；重点掌握和理解煤矿安全生产方针含义，从而自觉地贯彻执行"安全第一、生产第二"理念；了解煤矿主要安全法律法规，提高煤矿农民工的遵法守法和维权意识。

第一节 煤炭工业在国民经济中的地位

一、我国煤炭工业在世界的地位

我国煤炭工业在世界的地位表现为以下 6 方面。

1. 利用煤炭最早的国家

我国是世界上利用煤炭最早的国家，有文字记载的历史已有两千多年。

2. 储量最丰富的国家

我国煤炭资源丰富，分布范围广。全国已勘探面积加预测面积约 55 万平方千米，占世界煤炭总储量的 1/3 左右，按现在开采规模可采千年以上。

3. 地下开采比例最大的国家

我国煤矿大多采用地下开采，比大多数国家所占比例大得多，目前德国露天开采所占比例为 76.6%，澳大利亚为71.2%，印度为 70.5%，美国为 67.0%，南非为 52.9%，而我国为 12% 左右。

4. 产量最多、消费量最大的国家

我国是世界产煤最多的国家，2013 年煤炭产量 37 亿吨左右，约占世界煤炭总产量的 2/5。我国也是世界煤炭消费量最大的国家，2012 年煤炭消费量 36.8 亿吨，约占世界煤炭总产量的 47.8%。

5. 发展速度最快的国家

从 1949 年到 1989 年 40 年间，全国原煤年产量从 3 000 多万吨上升到 10 亿多吨，每年递增 2 400 万吨。人均占有煤炭从 1949 年的不足 60 kg 上升到约 1 t，煤炭年产量跃居世界第一。这 40 年中，我国煤炭生产的发展速度是美国的 4 倍，印度的 5 倍，加拿大的 10 倍。

6. 死亡人数最多的国家

我国煤炭事故死亡人数约占世界的 79%，死亡人数和死亡率都高于世界主要产煤国家，2012 年美国百万吨死亡率约为 0.03，南非为 0.07，波兰为 0.266，而我国为 0.374。

二、我国煤炭工业在国民经济中的作用

煤炭是工业生产的原材料，又是国民经济建设及人民生活的主要能源，通常被喻为工业的粮食。煤炭工业是国民经济重要的基础产业，在国民经济建设中占有重要的地位，发挥着举足轻重的作用。在我国一次能源结构中，目前煤炭占 70%，预计到 2050 年所占比例也将不低于 50%，将长期占据不可替代的地位，煤炭是我国工农业生产的动力基础。煤炭还是我国主要化工原料之一。此外，煤炭又是我国出口创汇的主要物资之一，全国人民生活都离不开煤炭。有了煤炭，国民经济和现代化建设就有了后劲，具有中国特色的社会主义事业的发展就有了基础。煤炭产量也是衡量一个国家经济实力的主要标志

之一。

由此可见，煤炭工业在国民经济中具有十分重要的地位和作用。煤矿农民工作为煤炭行业的职工，肩负着艰巨而光荣的职责。

第二节　当前我国煤矿安全生产状况

党中央、国务院高度重视安全生产工作，始终坚持把安全生产作为深入贯彻落实科学发展观的重要内容，实施了一系列重大战略举措，着眼于建立安全生产长效机制，着力解决现实突出问题和深层次矛盾，取得了明显成效。

一、安全生产工作取得明显成效

2013 年安全生产工作取得了明显成效，安全生产形势持续稳定好转，出现了三个大幅度下降：

1. 事故总量大幅度下降。2013 年全国事故总量减少了 27 700 多起，同比下降了 8.2%。事故死亡人数减少了 2 549 人，同比下降 3.5%。

2. 重特大事故大幅度下降。2013 年重特大事故比上一年减少了 10 起，下降 16.9%，死亡人数同比下降 5.9%，所以下降幅度也是比较大的。

3. 安全生产四项相对指标也有了大幅度下降，比如说亿元 GDP 死亡率，同比下降了 12.7%，工矿商贸十万从业人员事故死亡率下降了 7.3%，道路交通万车死亡率下降了 8%，煤矿百万吨死亡率下降了 23%。安全生产形势的持续稳定好转也为我国经济社会又好又快发展创造了相对安全稳定的环境。

二、存在的问题和差距

对一年来安全生产工作所取得的成绩应当给予充分肯定。但是我们也清醒地看到，当前安全生产形势依然严峻，某些制约安全生产的一些深层次问题还没有得到根本解决，一些重点行业领域安全生产的事故总量还比较大，而且重特大事故还没有得到根本遏制。

1. 安全生产状况和世界先进产煤国家相比，还有很大差距。2013 年发生了 1 起特别重大事故、13 起重大事故，煤炭生产百万吨死亡率是 0.293，虽然历史上首次降到 0.3 以下，但仍是先进产煤国家的 5～10 倍。

2. 煤矿的一些主要灾害、威胁依然存在。瓦斯仍然是煤矿安全的第一杀手，水害、冲击地压威胁继续存在。

3. 煤矿安全生产基础依然薄弱。目前，全国有 12 526 处煤矿，其中接近 1 万处是年产 30 万吨以下的小煤矿，除了机械化水平低外，这些煤矿从业人员素质普遍较低。

4. 职业危害严重。作业环境中粉尘、毒物、放射性物质等危害因素大量存在，尘肺等职业病高发。

与此同时，我国经济结构中采掘业和重化工业比业重过大、高危行业中小企业数量过多、产能过剩等问题还没有根本解决；安全生产基础薄弱、隐患严重的状况尚未根本改变；一些基层干部没有真正树立安全发展理念，重速度效益、轻安全生产的错误倾向在一些地方和单位仍然比较突出。

三、大力实施安全发展战略

党的十八大提出，到 2020 年全面建成小康社会，强调要"强化公共安全体系和企业安全生产基础建设，遏制重特大事故"，实现煤矿安全生产状况根本好转，主要安全生产相对指标达到或接近世界中等发达国家水平。下一步重点抓好以下 7个方面的工作。

1. 继续推动实施安全发展战略，强化安全意识和安全责任。推动安全生产"十二五"规划的实施，加快安全生产各项重点工程进度。以"强化安全基础、推动安全发展"为主题，组织开展全国"安全生产月"和"安全生产万里行"活动。落实安全生产行政首长负责制和"一岗双责"。严格进行安全生产绩效考核。继续推进安全文化创建活动。

2. 继续推进主体责任落实，强化企业安全基础和公共安全体系建设。督促企业主要负责人切实承担第一责任人的责任，严格遵守安全生产法律制度，持续深入抓好安全生产标准化创建工作。强化公共安全体系建设，加快推进安全责任、政策法规、科技信息、宣教培训、应急救援等体系建设。

3. 继续推进依法治理，强化"打非治违"工作。针对安全生产领域的难点问题，建立跨部门、跨地区、跨行业的联合执法机制。运用集中执法、专项督察、异地检查等方法，加强对地方政府特别是县乡基层"打非治违"工作的监督检查。建立"打非治违"制度化、常态化的工作机制。认真执行事故查处逐级挂牌督办制度。严肃查处迟报、瞒报事故行为。

4. 继续推进瓦斯防治和整顿关闭，强化矿山安全生产工作。抓好煤矿瓦斯防治，加强煤矿建设安全管理、深部矿井开采和水害治理。探索建立多部门协调一致的煤矿开发准入制度。深化煤矿整顿关闭，迫使不具备安全生产条件和安全保障能力低下、不符合煤炭产业政策的小煤矿退出市场。制定出台煤矿矿长保护矿工生命安全的7条规定。组织实施好金属非金属矿山整顿攻坚战，2014年再关闭5 000处小矿山。到2015年年底全国关闭2 000处以上小煤矿。

5. 继续推进隐患排查治理，强化道路交通等行业领域专项整治。抓住薄弱环节和突出问题，有针对性地开展道路交通、危险化学品、烟花爆竹、建筑施工等重点行业领域安全专项整治。认真落实重大隐患治理挂牌督办制度，加强隐患排查治理体系建设。

6. 继续推进"科技强安"，强化安全保障能力建设。建立完善产学研用相结合的安全科技创新体系。抓好列入国家科技支撑计划的重点科研项目。抓好矿山井下安全避险、煤矿瓦斯高效抽采与利用、尾矿库在线监测监控等安全技术示范工程。完善道路交通安装卫生监控装置的作用和管理。

7. 继续推进应急能力建设，强化事故应急处置能力。抓好区域矿山和中央企业应急救援队伍及基地建设。进一步强化自然灾害引发事故灾难的预警机制、应急联动机制建设。

第三节　煤矿安全生产方针

"安全第一，预防为主，综合治理"是煤矿安全生产方针，该方针反映了党对安全生产规律的新认识，对于指导社会主义市场经济和改革开放新时期的安全生产工作意义深远而重大。

一、煤矿安全生产方针含义

1. "安全第一"是安全生产的统帅和灵魂

(1) 2005年党和政府提出了"安全发展"的理念，即各行各业、各个生产经营单位的发展，以及社会进步与发展，都必须以安全为前提和保障。

(2) 安全生产关系到最广大人民群众的根本利益。生命最珍贵，以人为本首先要以人的生命为本，保障生命安全是人最基本的需要。

(3) 只有生命安全得到切实保障，才能调动和激发人们的创造活力和生活激情；只有使重大事故得到遏制，大幅度减少事故造成的创伤，社会才能安定和谐。不能以损害工人生命安全和身体健康为代价来换取短期局部的经济发展。

(4) "安全第一"还体现在看待和处理安全与生产、效益等关系时，必须要突出安全，把其放在一切生产和社会活动中的第一位置上，要做到不安全不生产、隐患不排除不生产、安全措施不落实不生产。

2. "预防为主"是安全生产的根本途径

在对待事故预防和处理二者的关系上，要坚持以预防为主。在生产过程中，应当采取有效的事前预防和控制措施，做

9

到防患于未然，治理于萌芽状态。

应当承认，煤矿事故的发生有一定的突然性和意外性，但还是有预兆和规律的，只要我们通过现代安全管理方法提高工人安全意识，运用先进的技术手段，是能够预测和防范事故发生的。与以往不同的是，新时期的"预防为主"是在科学发展观的指导下，在经济、政治、文化和社会主义建设"四位一体"的战略部署中推进的，其内涵更加丰富。

3. "综合治理"是实现安全生产的有效手段和方法

"综合治理"是对以往提法的充实、丰富和发展，既继承了以往的精华，又进行了发展；既适应了当前安全形式的迫切要求，又为未来安全工作拓展了广阔的空间。

（1）煤矿安全生产不是一个简单的问题，涉及方方面面，所以，搞好安全工作，单从某一个方面入手而不考虑其他方面的配合是不行的。

（2）"综合治理"包括着非常丰富的内涵，全行业、全系统、全企业、各部门都要对安全工作加以重视，实行党政工团齐抓共管，坚持管理、装备、培训"三并重"原则，落实全员、全方位、全过程"三全"要求，抵制违章指挥、违章作业、违反劳动纪律"三违"行为。

（3）在新时期安全生产实践中，我们遇到许多新矛盾、新问题，客观上要求必须实施"综合治理"。例如确立整顿关闭、整合技改、管理强矿"三步走"战略，坚决依法关闭非法和不具备安全生产条件的小煤矿，开展煤炭资源整合和技术改造。在煤矿安全领域深入开展安全生产执法、治理和宣传教育"三项行动"，全面加强安全生产法制体制机制、保障能力和监管监察队伍"三项建设"。

二、农民工基本条件和贯彻煤矿安全生产方针

煤矿安全生产方针是党和国家为确保煤矿安全生产工作而确定的指导思想和行动准则，农民工必须认真贯彻煤矿安全生产方针。

1. 煤矿农民工基本条件

煤矿农民工应当符合下列基本条件。

(1) 身体健康，无职业禁忌证。

(2) 年满 18 周岁且不超过国家法定退休年龄。

(3) 具有初中及以上文化程度。

(4) 法律、行政法规规定的其他条件。

2. 农民工贯彻煤矿安全生产方针

(1) 树立安全第一的思想。农民工要正确理解安全生产方针的含义，牢固树立安全第一的思想，真正把安全生产放在第一位，摆正安全与产量、安全与进尺、安全与效益、安全与时间的关系。要坚持严字当头、预防为主、质量为本的原则，自觉地用安全生产方针来指导和规范自己的行为，避免事故的发生。发现事故苗头，立即采取措施处理，把事故消灭在萌芽

状态。

（2）执行安全生产规章制度。农民工要认真学习安全生产规章制度，并要自觉、严格地遵守规章制度中的各项规定。在生产活动中既不能目中无规定、想怎么干就怎么干，也不能心里没标准、嫌麻烦、图省事、马虎凑合。在生产活动中不仅自己要按章作业，而且要对班组长的违章指挥进行抵制。

（3）遵守劳动纪律。劳动纪律既是正常生产秩序、完成生产任务的需要，更是保证安全生产的需要，农民工必须严格执行煤矿企业制定的劳动纪律。要遵守劳动时间和规定的制度，不无故迟到、早退，有事要提前请假；在上班时间内，遵守生产秩序，不做与生产无关的事情；不东走西窜、嬉戏打闹、聚众赌博和打架斗殴；不在井下吸烟，不在班中睡觉，不擅自脱岗等。

（4）具备良好的职业道德。煤矿农民工要树立良好的职业形象，具有高尚的职业道德，忠实地履行自己的职责，确保安全生产。这不仅是对自己负责，也是对别人和单位负责，更是对社会负责。

（5）积极参加安全教育培训。农民工要努力学习煤矿致灾因素防治基础知识，了解常见灾害事故发生原因、应急处置方法，不断提高本工种、本岗位知识水平和操作能力。

第四节　煤矿主要安全法律法规

一、《中华人民共和国安全生产法》

1. 立法目的与意义。《中华人民共和国安全生产法》是安全生产的一般法、基本法，于 2002 年 11 月 1 日起施行。制定这部法律的目的，是加强安全生产的监督管理，防止和减少安全事故，保障人民群众生命和财产安全，促进经济发展。

2. 主要内容。《中华人民共和国安全生产法》作为我国安全生产的综合性法律，具有丰富的法律内涵和规范作用。具体内容共有 7 章 97 条。第一章总则，第二章生产经营单位的安全生产保障，第三章从业人员的权利和义务，第四章安全生产的监督管理，第五章生产安全事故的应急救援与调查处理，第六章法律责任，第七章附则。

二、《中华人民共和国矿山安全法》

1. 立法目的。自 1993 年 5 月 1 日起施行的《中华人民共和国矿山安全法》是我国第一部矿山安全法律，其立法目的是防止矿山事故，保护矿山职工的人身安全，促进采矿工业健康发展，健全矿山法制。

2. 主要内容。《中华人民共和国矿山安全法》共 8 章 50

13

条。第一章总则，第二章矿山建设的安全保障，第三章矿山开采的安全保障，第四章矿山企业的安全管理，第五章矿山安全的监督和管理，第六章矿山事故处理，第七章法律责任，第八章附则。

三、《中华人民共和国煤炭法》

1. 立法目的。《中华人民共和国煤炭法》是我国第一部煤炭法，是我国煤炭法制建设的里程碑，为煤炭的生产、经营活动确立了基本原则，从而使煤炭行业在法制轨道上健康发展。其立法目的是合理开发利用和保护煤炭资源，规范煤炭生产、经营活动，促进和保障煤炭行业的发展。《中华人民共和国煤炭法》经两次修正，最新修改是 2013 年 6 月 29 日第十二届全国人民代表大会常务委员会第三次会议通过的。

2. 主要内容。《中华人民共和国煤炭法》共 8 章 69 条。第一章总则，第二章煤炭生产开发规划与煤矿建设，第三章煤炭生产与煤矿安全，第四章煤炭经营，第五章煤矿矿区保护，第六章监督检查，第七章法律责任，第八章附则。

四、《中华人民共和国职业病防治法》

1. 立法目的。为了预防、控制和消除职业病危害，防治职业病，保护劳动者健康及其相关权益，促进经济社会发展，2011 年 12 月 31 日公布了关于修改《中华人民共和国职业病防治法》的决定，自公布之日起施行。

2. 主要内容。《中华人民共和国职业病防治法》共 7 章 90 条。第一章总则，第二章前期预防，第三章劳动过程中的防护与管理，第四章职业病诊断与职业病病人保障，第五章监督检查，第六章法律责任，第七章附则。

五、《煤矿防治水规定》

1. 立法目的。《煤矿防治水规定》是在《矿井水文地质规程》和《煤矿防治水工作条例》的基础上制定的，主要是为了适应当前煤矿水害防治工作的新情况、新变化，进一步规范煤矿防治水工作，有效防治矿井水害，于 2009 年 12 月 1 日起正式实施。

2. 主要内容。《煤矿防治水规定》共 10 章 142 条。第一章总则，第二章矿井水文地质类型划分及基础资料，第三章水文地质补充调查与勘探，第四章矿井防治水，第五章井下探放水，第六章水体下采煤，第七章露天煤矿防治水，第八章水害应急救援，第九章法律责任，第十章附则，附录 6 个。

六、《煤矿瓦斯等级鉴定暂行办法》

1. 立法目的。为进一步规范煤矿瓦斯等级鉴定工作，加强煤矿瓦斯管理，预防瓦斯事故，保障职工生命安全，根据《安全生产法》《煤矿安全监察条例》等法律、行政法规，制定本办法，自 2012 年 3 月 1 日起施行。

2. 主要内容。《煤矿瓦斯等级鉴定暂行办法》共 7 章 46 条。第一章总则，第二章矿井瓦斯等级划分和认定，第三章鉴定管理，第四章瓦斯矿井和高瓦斯矿井的鉴定，第五章突出矿井的鉴定，第六章鉴定责任，第七章附则。

七、《煤矿瓦斯抽采达标暂行规定》

1. 立法目的。为进一步推进煤矿瓦斯先抽后采、综合治理，强化和规范煤矿瓦斯抽采，实现煤矿瓦斯抽采达标，国家发展和改革委员会、国家安全生产监督管理总局、国家能源局、国家煤矿安全监察局组织制定了《煤矿瓦斯抽采达标暂行规定》，自 2012 年 3 月 1 日起施行。

2. 主要内容。《煤矿瓦斯抽采达标暂行规定》共 7 章 39 条。第一章总则，第二章一般规定，第三章瓦斯抽采系统，第四章抽采方法及工艺，第五章抽采达标评判，第六章抽采达标责任，第七章附则。

八、《煤矿班组安全建设规定（试行）》

1. 立法目的。为进一步规范和加强煤矿班组安全建设，充分发挥煤矿班组安全生产第一道防线的作用，提高煤矿现场管理水平，促进全国煤矿安全生产形势持续稳定好转，国家安全生产监督管理总局、国家煤矿安全监察局和中华全国总工会联合制定了《煤矿班组安全建设规定（试行）》，自 2012 年 10 月 1 日起施行。

2. 主要内容。第一章总则，第二章组织建设，第三章班组长管理，第四章现场安全管理，第五章班组安全培训，第六章班组安全文化建设，第七章表彰奖励，第八章附则。

九、《国务院关于预防煤矿生产安全事故的特别规定》

1. 立法目的。为了及时发现并排除煤矿安全生产隐患，落实煤矿安全生产责任，预防煤矿生产安全事故发生，保障职工的生命安全和煤矿安全生产，国务院颁布了《关于预防煤矿生产安全事故的特别规定》，于 2005 年 9 月 3 日起施行。

2. 主要内容。共 28 条，核心内容：一是构建了预防煤矿生产安全事故的责任体系，二是明确煤矿事故预防工作的程序和步骤，三是提出了预防煤矿事故的一系列制度保障。

3.《国务院关于预防煤矿生产安全事故的特别规定》明确规定了以下 15 项重大隐患。

（1）超能力、超强度或者超定员组织生产的。

（2）瓦斯超限作业的。

（3）煤与瓦斯突出矿井，未依照规定实施防突出措施的。

（4）高瓦斯矿井未建立瓦斯抽放系统和监控系统，或者瓦斯监控系统不能正常运行的。

（5）通风系统不完善、不可靠的。

17

（6）有严重水患，未采取有效措施的。

（7）超层越界开采的。

（8）有冲击地压危险，未采取有效措施的。

（9）自然发火严重，未采取有效措施的。

（10）使用明令禁止使用或者淘汰的设备、工艺的。

（11）年产6万吨以上的煤矿没有双回路供电系统的。

（12）新建煤矿边建设边生产，煤矿改扩建期间，在改扩建的区域生产，或者在其他区域的生产超出安全设计规定的范围和规模的。

（13）煤矿实行整体承包生产经营后，未重新取得安全生产许可证和煤炭生产许可证从事生产的，或者承包方再次转包的，以及煤矿将井下采掘工作面和井巷维修作业进行劳务承包的。

（14）煤矿改制期间，未明确安全生产责任人和安全管理机构的，或者在完成改制后，未重新取得或者变更采矿许可证、安全生产许可证、煤炭生产许可证和营业执照的。

（15）有其他重大安全生产隐患的。

十、《煤矿安全培训规定》

1. 立法目的。为了加强和规范煤矿安全培训工作，提高从业人员安全素质，防止和减少伤亡事故，根据《中华人民共和国安全生产法》等有关法律、行政法规，制定本规定，自

2012 年 7 月 1 日起施行。

2. 主要内容。《煤矿安全培训规定》共 7 章 46 条，第一章总则，第二章从业人员准入条件，第三章安全培训，第四章考核和发证，第五章监督管理，第六章法律责任，第七章附则。

十一、《关于进一步加强安全培训工作的决定》

《关于进一步加强安全培训工作的决定》是国务院安委会第一次以"决定"的形式发布的规范性文件，于 2012 年 11 月 21 日颁发。其强制性、指令性和约束性很强。

内容包括加强安全培训工作的重要意义和总体要求、全面落实安全培训工作责任、全面落实持证上岗和先培训后上岗制度、全面加强安全培训基础保障能力建设、全面提高安全培训质量、加强安全培训监督检查、切实加强对安全培训工作的组织领导等方面。

十二、煤矿"三大规程"

煤矿"三大规程"指的是《煤矿安全规程》、煤矿工人技术操作规程（以下简称操作规程）与采掘工作面作业规程（以下简称作业规程）。

1. 《煤矿安全规程》

现行的《煤矿安全规程》自 2011 年 3 月 1 日起施行。

（1）贯彻实施《煤矿安全规程》的意义

《煤矿安全规程》是煤炭工业贯彻落实《安全生产法》《矿山安全法》《煤炭法》和《煤矿安全监察条例》等安全法律法规的具体规定，是保障煤矿职工安全与健康，保护国家资源和财产不受损失、促进煤炭工业健康发展必须遵循的准则。

《煤矿安全规程》是煤炭工业主管部门制定的在安全管理、特别是在安全技术上的总规定，是煤矿职工从事生产和指挥生产最重要的行为规范，所以全国所有煤矿企事业单位及其主管部门都必须严格执行。

（2）《煤矿安全规程》的主要内容

《煤矿安全规程》共有 4 编 751 条。

第一编——总则。规定了煤矿必须遵守国家有关安全生产的法律法规、规章、规程、标准和技术规范；建立各类人员安全生产责任制；明确职工有权制止违章作业，拒绝违章指挥。

第二编——井工部分。规定了井下采煤有关开采、"一通三防"、防治水、机电运输、爆破作业及煤矿救护等领域所涉及的安全生产行为标准。

第三编——露天部分。规定了露天开采所涉及的安全生产行为标准。

第四编——职业危害。规定了职业危害的管理和监测、健康监护的标准。

（3）《煤矿安全规程》的特点

《煤矿安全规程》是我国煤矿安全管理方面最全面、最具体、最权威的一部基本规程，它具有以下特点。

1）强制性。《煤矿安全规程》是煤矿安全法律法规的组成部分，所有煤矿都必须遵守，如违反《煤矿安全规程》，视情节或后果严重程度，给予行政处分、经济处罚直至由司法机关追究刑事责任。

2）科学性。《煤矿安全规程》是长期煤炭生产经验和科学研究成果的总结，是广大煤矿职工智慧的结晶，也是煤矿职工用生命和汗水换来的，它的每一条规定都是在某种特定条件下可以普遍适用的行为规则。《煤矿安全规程》是与煤矿安全状况、煤炭工业发展水平和煤矿安全监察体制改革同步发展，并不断完善的。

3）规范性。《煤矿安全规程》明确规定了煤矿生产建设中哪些行为被允许，哪些行为被禁止，具有很强的规范性。同时，它也是认定煤矿事故性质和应承担的责任的重要依据。

4）稳定性。《煤矿安全规程》在一段时间内相对稳定，不得随意修改，经执行一个时期后，再由国家安全生产监督管理总局负责组织修订。

2. 操作规程

操作规程是煤矿生产各岗位工人在生产中具体操作行为标准的指导性文件。

（1）贯彻执行操作规程的意义

21

操作规程是煤矿企事业单位或主管部门根据《煤矿安全规程》和有关质量标准等文件的规定，结合岗位工人的工作环境条件、所用工具及设备等情况，以保证人员、设备的安全为目的而编制的。岗位工人只有严格按本岗位的操作规程操作，才能保障安全生产；否则，就可能导致事故的发生。

（2）操作规程的基本内容

操作规程对岗位工人生产作业中的具体操作程序、方法、安全注意事项等做了具体、明确的规定。

操作规程的基本内容一般包括4个部分：一般规定，准备、检查和处理，操作和注意事项，收尾工作。

3. 作业规程

作业规程是生产建设或安装工程施工单位根据有关法律法规和《煤矿安全规程》的规定，结合工程的具体情况而编制的作业指导性文件。

（1）贯彻执行作业规程的意义

作业规程是煤矿生产建设的行为规范，具有法规性质。其作用是科学、安全地组织与指导生产施工，使工程达到安全、优质、高效、快速、低耗的效果。因此，每一个作业人员都必须严格执行本工程的作业规程。

（2）作业规程的基本内容

煤矿作业规程是规范采掘工程技术管理、现场管理，协调各工序、工种关系，落实安全技术措施，保障安全生产的准则。例如，采煤工作面作业规程一般包括：概况、采煤方法、顶板控制、生产系统、劳动组织及主要技术经济指标、煤质管理、安全技术措施和灾害应急措施及避灾路线等内容。

（3）贯彻、学习作业规程

煤矿作业规程的贯彻学习，必须在工作面开工之前完成；由施工单位负责人组织参加施工人员学习，由编制本规程的技术人员负责贯彻。参加学习的人员，经考试合格方可上岗。考试合格人员的考试成绩应登记在本规程的学习考试记录表上，并签名，存入本单位培训档案。

十三、《中华人民共和国刑法修正案（六）》（摘要）

2006年6月29日第十届全国人民代表大会常务委员会第二十二次会议通过了《中华人民共和国刑法修正案（六）》，并于2006年6月29日中华人民共和国主席令第五十一号公布实施。新修订的《刑法》加重了对生产安全事故犯罪的刑事处罚力度。

1. 将《刑法》第一百三十四条修改为："在生产、作业中违反有关安全管理的规定，因而发生重大伤亡事故或者造成其他严重后果的，处三年以下有期徒刑或者拘役。情节特别恶劣的，处三年以上七年以下有期徒刑。强令他人违章冒险作业，因而发生重大伤亡事故或者造成其他严重后果的，处五年以下有期徒刑或者拘役。情节特别恶劣的，处五年以上有期徒刑。"

2. 将《刑法》第一百三十五条修改为："安全生产设施或者安全生产条件不符合国家规定，因而发生重大伤亡事故或者造成其他严重后果的，对直接负责的主管人员和其他直接责任人员，处三年以下有期徒刑或者拘役。情节特别恶劣的，处三年以上七年以下有期徒刑。"

3. 在《刑法》第一百三十五条后增加一条，作为第一百三十五条之一："举办大型群众性活动违反安全管理规定，因而发生重大伤亡事故或者造成其他严重后果的，对直接负责的主管人员和其他直接责任人员，处三年以下有期徒刑或者拘役。情节特别恶劣的，处三年以上七年以下有期徒刑。"

4. 在《刑法》第一百三十九条后增加一条，作为第一百三十九条之一："在安全事故发生后，负有报告职责的人员不报或者谎报事故情况，贻误事故抢救，情节严重的，处三年以下有期徒刑或者拘役。情节特别严重的，处三年以上七年以下有期徒刑。"

【事故实例】 2010 年 3 月 28 日，华晋焦煤有限责任公司王家岭矿发生特别重大透水事故。共造成 38 人死亡、115 人受伤，直接经济损失 4 937 万元。

王家岭矿为基建矿井，设计生产能力 600 万吨/年。该矿所在区域小窑开采历史悠久，事故发生前该矿井田内及相邻共有小煤矿 18 个。

事故的直接原因是：该矿 20101 回风巷掘进工作面附近小

煤窑老空区积水情况未探明，且在发现透水征兆后未及时采取撤出井下作业人员等果断措施，掘进作业导致老空区积水透出，造成＋583.168 m标高以下巷道被淹和人员伤亡。

事故的间接原因是：地质勘探程度不够，水文地质条件不清，未查明老窑采空区位置和范围、积水情况；水患排查治理不力，发现透水征兆后未采取有效措施；施工组织不合理，赶工期、抢进度；未对职工进行全员安全培训，部分新到矿职工未经培训就安排上岗作业，部分特殊工种人员无证上岗。

按照有关规定，对39名事故责任人进行了处理。其中，9名涉嫌犯罪的事故责任人被移送司法机关依法追究刑事责任，30名企业人员和党政机关工作人员受到党纪、政纪处分。同时，责成山西省人民政府向国务院作出深刻书面检查，中煤能源集团向国务院国资委作出深刻书面检查。由山西煤矿安全监察局依法对华晋焦煤公司处以225万元罚款，对中煤一建公司处以210万元罚款。

复习思考题

1. 简述我国煤炭工业在国民经济中的作用。

2. 什么是煤矿安全生产方针？

3. 你认为农民工应如何贯彻煤矿安全生产方针？

4. 《中华人民共和国安全生产法》立法的目的是什么？

5. 《中华人民共和国煤炭法》第二次修订的时间？

6.《煤矿班组安全建设规定（试行)》主要内容包括哪几章？

7. 为什么要制定《煤矿安全培训规定》？

8. 煤矿"三大规程"指的是哪些规程？

9.《煤矿安全规程》有哪些特点？

10. 贯彻、学习作业规程有哪些要求？

第二章　矿井基本概况

学习目的：

通过本章的学习，了解煤的形成及其赋存状态、煤矿有关地质知识，了解煤矿常见的开拓方式，初步熟悉矿井主要生产系统。认识矿井的开拓方式和生产系统，掌握采掘工作面煤层结构、厚度、倾角和顶底板分类等知识。

第一节　煤的形成及其赋存状态

一、煤的形成

煤是由古代植物遗体变化而成的，在矿区煤层和顶底板岩层中经常见到植物枝叶等化石。煤的形成过程大致分为以下 3 个阶段。

1. 泥炭化阶段

该阶段是由植物遗体变成泥炭的阶段。在古代泥炭沼泽中，植物生长十分茂盛。植物不断地繁殖、生长和死亡，其遗体倒在水中，被水淹没而隔绝了空气，不断聚积加厚；同时又不断分解、化合，形成了泥炭。

2. 煤化阶段

该阶段是由泥炭变成褐煤的阶段。泥炭层形成以后，由于地壳下降，被泥沙等沉积物覆盖掩埋，在压力和地热的作用下，泥炭层开始脱水、压紧，体积缩小，密度和硬度增加，碳含量逐渐增加，氧含量进一步减少，从而形成褐煤。

3. 变质阶段

该阶段是由褐煤变成无烟煤的阶段。褐煤形成以后，如果地壳继续下沉，则在温度更高和压力更大的条件下，褐煤内部成分将进一步变化，最终形成了无烟煤。其次序为：褐煤→长焰煤→不粘煤→弱粘煤→气煤→肥煤→焦煤→瘦煤→贫煤→无烟煤。

二、煤层的赋存状态

1. 煤层结构

根据煤层中有无夹石层，可把煤层分为简单结构和复杂结构两种。简单结构煤层不含夹石层，复杂结构煤层含夹石层。夹石层有的为一层，有的有多层，而且夹石层厚度也不一样。

煤层中的夹石层给采掘带来很多困难，而且影响煤质，不利于提高经济效益。

煤层结构如图 2—1 所示。

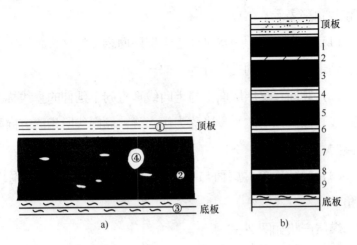

图 2—1 煤层结构

a）简单结构煤层 b）复杂结构煤层

2. 煤层厚度

煤层厚度是指煤层顶底板之间的垂直距离。根据采煤方法的需要，将煤层厚度分为以下 3 类。

（1）薄煤层：煤层厚度<1.3 m。

（2）中厚煤层：煤层厚度为 1.3～3.5 m。

（3）厚煤层：煤层厚度>3.5 m。

在生产工作中，习惯将厚度在 6 m 以上的煤层称为特厚煤层。

薄煤层不利于开采，厚煤层，特别是特厚煤层，采用放顶煤方法可以获得较高的经济效益。

3. 煤层产状

煤层产状是指煤层在地壳中的形成状态，一般用走向、倾向和倾角来表示。

（1）走向：假想一水平面与煤层层面相交的交线称为走向线，则走向线延伸的方向称为走向。

（2）倾向：煤层层面上与走向线垂直向下延伸的直线称为倾斜线，倾斜线的水平投影称为倾向线，倾向线所指的方向称为倾向。

（3）倾角：煤层层面与水平面之间所夹的最大锐角称为倾角。

煤层产状如图 2—2 所示。

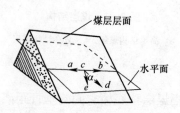

图 2—2　煤层产状

ab——走向线；cd——倾向线；ce——倾斜线；α——煤层倾角

4. 煤层倾角

煤层倾角是指煤层倾斜面相对水平面的夹角。根据煤层倾角大小将煤层分为以下 4 类。

（1）近水平煤层：煤层倾角<8°。

（2）缓倾斜煤层：煤层倾角为 8°～25°。

（3）倾斜煤层：煤层倾角为 25°～45°。

（4）急倾斜煤层：煤层倾角>45°。

煤层倾角越大，煤层开采难度越大。

5. 煤层稳定性

煤层在形成过程中，由于受到自然条件的影响，其厚度经常不断变化。根据厚度的变化情况将煤层分为以下 4 类。

(1) 稳定煤层：煤层厚度基本稳定。

(2) 较稳定煤层：煤层厚度比较稳定，其变化有一定的规律。

(3) 不稳定煤层：煤层厚度局部不稳定，其变化无一定的规律。

(4) 极不稳定煤层：煤层厚度大部分不稳定，其变化无一定的规律。

稳定煤层和较稳定煤层便于开采，不稳定煤层和极不稳定煤层给开采带来很大困难，甚至不能开采。

三、煤层顶底板

位于煤层上面的岩层称为顶板，煤层下面的岩层称为底板。煤层顶板自下而上分为伪顶、直接顶和基本顶；煤层底板自上而下分为直接底和基本底。

典型的煤层顶底板如图 2—3 所示。

煤层顶底板岩性及赋存状态与顶板安全管理关系十分密切。顶板破碎容易冒顶；顶板过于坚硬，放顶时不易冒落，采煤工作面形成很大压力，常常将工作面摧垮，使附近巷道塌

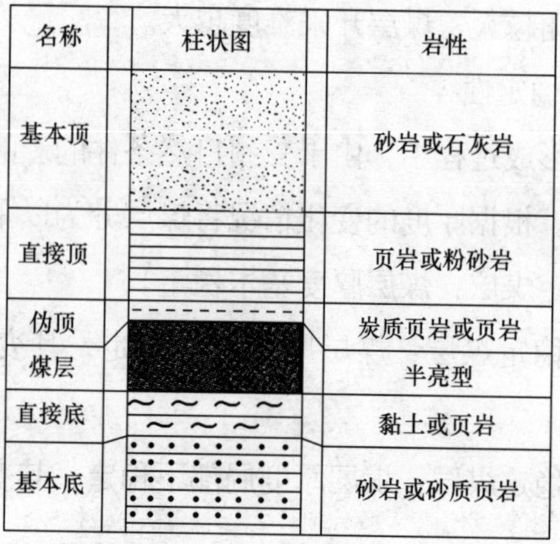

名称	柱状图	岩性
基本顶		砂岩或石灰岩
直接顶		页岩或粉砂岩
伪顶		炭质页岩或页岩
煤层		半亮型
直接底		黏土或页岩
基本底		砂岩或砂质页岩

图 2—3　典型煤层的顶底板

冒，甚至造成矿毁人亡。对这些特殊的顶板必须采取有效的技术措施，确保顶板安全。

第二节　地质构造

　　煤层形成以后，由于受到地壳运动作用力的作用，其形态发生变化，形成多种多样的地质构造。煤田地质构造主要有以下几类。

一、单斜构造

　　单斜构造是指在一定范围内，煤层大致向同一方向倾斜。煤层倾斜的方向称为倾向，煤层倾斜面与水平面的交线方向称为走向。
　　单斜构造如图 2—4 所示。

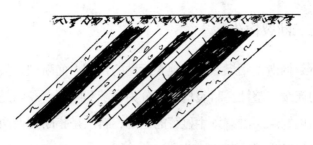

图 2—4 单斜构造

二、褶皱构造

褶皱构造是指煤层因受地壳运动的作用力，被挤成弯弯曲曲的状态，但仍保持连续完整性。其中每一个弯曲部分称为褶曲构造，褶曲又可分为背斜和向斜：背斜是指煤层向上凸起的褶曲，向斜是指煤层向下凹陷的褶曲。

褶皱构造如图 2—5 所示。

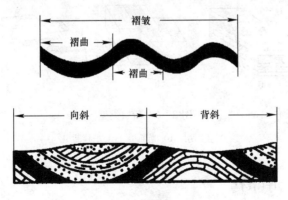

图 2—5 褶皱构造

三、断裂构造

断裂构造是指煤层因受地壳运动的作用力而断裂，失去了原来的连续完整性。断裂构造又分为裂隙和断层，裂隙是指断裂面两侧的煤层没有发生显著的错动，断层是指断裂面两侧的煤层已经发生了显著的错动。

断层根据断裂面两侧煤层错动的方向分为以下 3 种类型。

（1）正断层：上盘相对下降，下盘相对上升。

（2）逆断层：上盘相对上升，下盘相对下降。

（3）平移断层：两侧煤层沿断层面做水平移动。

断层对采掘生产和安全影响极大。矿界和防隔水煤柱常以断层为界，采掘工作面常因断层发生冒顶事故。

断层类型如图 2—6 所示。

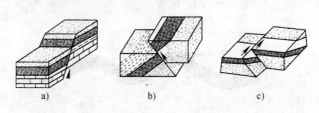

图 2—6　断层类型

a）正断层　b）逆断层　c）平移断层

四、陷落柱

在煤层底板的奥陶纪石灰岩中，由于酸性水的作用形成许

34

多溶洞。而且随酸性水的不断补给，溶洞会不断增大。最后导致其上部岩层的整体陷落，形成一个下部大、上部小的破碎柱体，通常称为陷落柱。

矿井范围内的陷落柱直径从几米至几百米不等。其中陷落的岩层杂乱无章、极易破碎。而且其中大都存有水，有的还与强含水层相连接，对煤矿安全生产造成很大的威胁。

【事故实例】　1984 年 6 月 2 日，河北省开滦范各庄矿 2171 综采工作面风道下帮煤壁处，由于工作面内底板隐伏的 9 号岩溶陷落柱的高压水冲出，发生特大透水灾害。历时 21 小时便淹没了一座年产 310 万吨的大型机械化矿井。

范各庄矿 2171 综采工作面奥灰透水情况如图 2—7 所示。

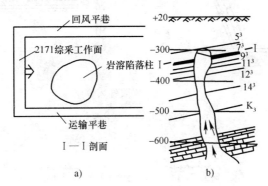

图 2—7　范各庄矿 2171 综采工作面奥灰透水示意图

a) 2171 综采工作面平面图　b) 奥灰陷落柱剖面图

五、岩浆侵入

岩浆侵入（也称火成岩侵入）是指地壳中的岩浆侵入煤层，主要有岩墙和岩床两种产状。

当岩浆侵入煤层时，由于它的高温，可使煤层全部或部分遭到破坏，减少煤炭储量，缩短矿井服务年限；使煤的变质程度加深，甚至变成天然焦，煤质变坏，灰分增高，降低工业价值；破坏了煤层连续性，给巷道掘进和采煤作业带来困难。

岩浆侵入煤层情况如图 2—8 所示。

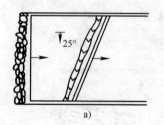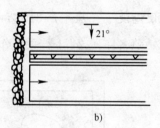

图 2—8　岩浆侵入煤层

a) 重开切眼　b) 划分两个小面

第三节　矿井开拓方式

煤田开采时一般都要将整个大面积煤田划分为若干个井田。煤层在地下埋藏，人们要采出煤炭，必须开掘巷道接触煤层。开拓方式就是开拓巷道在井田范围内的布置形式。

以井筒形式为主要依据将矿井开拓方式分为以下 5 种。

一、平硐开拓

平硐开拓是指利用水平巷道由地面进入井下的开拓方式。山岭、丘陵地带的煤层适合采用平硐开拓方式。当平硐以上的可采储量较大，又能合理地选择工业广场位置时，采用平硐开拓系统简单，运输环节少，建井速度快，投资费用低。

平硐开拓方式如图 2—9 所示。

图 2—9　平硐开拓

二、斜井开拓

斜井开拓是指利用倾斜巷道由地面进入井下的开拓方式。斜井开拓可分为集中斜井（阶段斜井）和片盘斜井两种类型。斜井开拓井巷掘进技术较简单，掘进速度较快，初期投资较少，建井周期较短，对于覆盖在煤层露头上冲积层不太厚、煤层埋藏不深的矿井较适用。随着强力带式输送机的应用，其适用范围逐步扩大。其缺点是：围岩不稳固时，井巷维修费用较高；采用绞车提升时，提升能力较低、转载环节较多、事故较多；井巷长度大时，井巷内的管路、电缆、通风风路都较长；当表土层为富含水层时，施工技术较为复杂。

斜井开拓方式如图 2—10 所示。

图 2—10　斜井开拓

三、立井开拓

立井开拓是指利用垂直巷道由地面进入井下的方式。立井又称竖井。立井开拓一般需同时开凿两个立井作为主、副井，主井提煤，副井提升人员、矸石、材料；此外，还要设一个井筒作为矿井回风井，兼作安全出口。

立井开拓方式如图2—11所示。

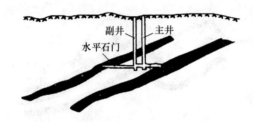

图 2—11 立井开拓

立井开拓对井筒施工技术要求较高，基本建设投资较大，掘进速度较慢，井筒装备较复杂。但是，立井对地质条件的适应性强，井筒较短，管路、电缆、通风风路都较短，提升速度快、提升能力大。当煤层埋藏较深、表土层厚或水文地质条件较复杂时，可以采用立井开拓。所以，立井开拓的应用范围十分广泛。

四、综合开拓

一般情况下，一个矿井的主、副井都采用同一种井筒形式。由于自然条件的变化而出现技术困难或经济效益不合理时，主、副井可以采用不同的井筒形式，称为综合开拓。综合开拓根据不同的地质条件和生产技术条件而定，主要有立井—斜井、平硐—立井和平硐—斜井3种方式。特殊条件下可以同时采用3种井筒形式，如北京矿务局门头沟煤矿由于地形、地质条件特殊，几经技术改造，形成了立井—斜井—平硐的综合开拓方式。

综合开拓方式如图2—12所示。

图2—12 综合开拓

五、联合矿井开拓

联合矿井在井下有不同的井筒组合方式，但在地面共用一套工业广场。

经过50多年的发展，联合矿井开拓有了很大的发展。各矿区因地制宜地采用了片盘斜井群联合开拓、山区复杂地形的联合开拓、分煤层（组）建井的联合开拓、深浅部分别建井的联合开拓、因煤种分采分运或因瓦斯治理需要的联合开拓、相邻矿井合并共用工业广场的联合开拓等多种形式。

如神东煤炭集团补连塔煤矿由原补连塔、上湾、尔林兔、呼和乌素 4 井田联合组成（联合后称分区），4 井田的联合开采主要依托于补连塔煤矿和上湾煤矿已形成的井下开拓系统及地面生产、外运装车系统，并在此基础上进行改造、扩建形成联合矿井开拓方式。

第四节　矿井主要生产系统

矿井主要生产系统如图 2—13 所示。

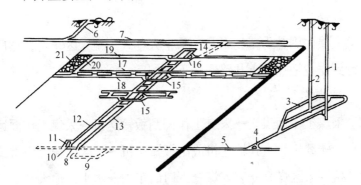

图 2—13　矿井主要生产系统

1—主井　2—副井　3—井底车场　4—主石门　5—水平运输大巷　6—矿井回风井　7—总回风巷　8—采区下部装车站　9—采区下部材料车场　10—采区煤仓　11—人行进风斜巷　12—采区进风（运输）上山　13—采区回风（轨道）上山　14—上山绞车房　15—采区中部车场　16—采区上部车场　17—采煤工作面进风（运输）平巷　18—联络巷　19—采煤工作面回风平巷　20—采煤工作面　21—采空区

一、矿井通风系统

矿井必须有完整的独立通风系统。通风路线为：地面新鲜空气→副井→井底车场→主石门→水平运输大巷→采区运输石门→采区进风上山→采煤工作面进风平巷→采煤工作面→采煤工作面回风平巷→采区回风（轨道）上山→采区回风石门→总回风巷→矿井回风井→地面。

二、矿井提升运输系统

1. 人员

人员由副井乘罐笼下井，乘坐大巷人车至采区车场，然后步行到作业地点。上井路线与下井相反。

2. 煤炭

采煤工作面煤炭→采煤工作面刮板输送机→采煤工作面运输平巷转载机、带式输送机或刮板输送机→采区运输上山带式输送机→采区煤仓→装入煤仓下口矿车内→水平运输大巷电机车牵引列车→井底煤仓→主井箕斗→地面煤仓。

3. 设备、材料

地面设备材料库装车→副井罐笼→井底车场→水平运输大巷电机车牵引列车→采区下部材料车场绞车→采区轨道上山绞车→采区料场小绞车或人力推车→采掘工作面等使用地点。从井下回收的材料、设备运输方向则与之相反。

4. 矸石

掘进工作面矸石→掘进工作面装岩机或人力装车→采区石门蓄电池机车牵引列车→采区轨道上山绞车→采区车场绞车→水平运输大巷电机车牵引列车→副井罐笼→地面矸石山。

三、矿井供电系统

由于煤炭企业的特殊性，对矿井的供电系统要求绝对可靠，不能出现随意断电事故。为此，要求矿井供电系统必须有双回路电源。除一般供电系统外，矿井还必须对一些特殊用电地点实行双回路供电或专线供电，如主要通风机、主要排水泵、掘进工作面局部通风机、井下变配电硐室等。

四、防排水系统

矿井防排水系统排水路线为：采煤工作面涌水→采煤工作面运输平巷→采区轨道上山→水平主要运输大巷→井底车场→主要水仓→主排水泵房→副井→地面。对于下山采区一般在下部设置采区水仓，安装水泵，通过管路往上排至水平运输大巷的水沟中。

五、煤矿安全避险"六大系统"

煤矿安全避险"六大系统"是指矿井安全监控系统、井下人员定位系统、井下紧急避险系统、矿井压风自救系统、矿井供水施救系统和矿井通信联络系统。安全避险"六大系统"建设是提高煤矿应急救援能力和灾害处置能力、保障矿井人员生命安全的重要手段，是全面提升煤矿安全保障能力的技术保障体系。

1. 矿井安全监控系统

矿井安全监控系统用来监测甲烷浓度、一氧化碳浓度、二氧化碳浓度、氧气浓度、风速、风压、温度、烟雾、馈电状态、风门状态、风筒状态、局部通风机开停、主通风机开停等，并实现甲烷超限声光报警、断电和甲烷风电闭锁控制等。

2. 井下人员定位系统

为地面调度控制中心提供准确、实时的井下作业人员身份信息、工作位置、工作轨迹等相关管理数据，实现对井下工作人员的可视化管理，提高煤矿开采生产管理的水平。矿井灾变后，通过系统查询，确定被困作业人员构成、人员数量、事故发生时所处位置等信息，确保抢险救灾和安全救护工作的高效运作。

3. 井下紧急避险系统

煤矿井下紧急避险系统是指在煤矿井下发生紧急情况时，为遇险人员安全避险提供生命保障的设施、设备、措施组成的有机整体。紧急避险系统建设的内容包括为入井人员提供自救器、建设井下紧急避险设施、合理设置避灾路线、科学制定应急预案等。

所有煤矿应按照规定要求建设完善煤矿井下紧急避险系统，并符合"系统可靠、设施完善、管理到位、运转有效"的要求。

4. 矿井压风自救系统

(1) 建设完善压风自救系统，所有采掘作业地点在灾变期间能够提供压风供气。

(2) 空气压缩机一般应设置在地面。深部多水平开采的矿井，可在其供风水平以上两个水平的进风井井底车场安全可靠的位置安装空气压缩机。

(3) 井下压风管路要采取保护措施，防止灾变破坏。

(4) 突出矿井的采掘工作面要按照要求设置压风自救装置。其他矿井掘进工作面要安设压风管路，并设置供气阀门。

5. 矿井供水施救系统

(1) 建设完善的防尘供水系统，并设置三通及阀门；在所有采掘工作面和其他人员较集中的地点设置供水阀门，保证各采掘作业地点在灾变期间能够提供应急供水。

(2) 加强供水管路维护，不得出现跑、冒、滴、漏现象，保证阀门开关灵活。

6. 矿井通信联络系统

进一步建设完善通信联络系统，在灾变期间能够及时通知人员撤离，并实现与避险人员通话。

要积极推广使用井下无线通信系统、井下广播系统。发生险情时，要及时通知井下人员撤离。

复习思考题

1. 煤是由什么变化而成的？

2. 煤层厚度分为哪 3 类？

3. 煤层倾角为 15°，属于哪一类煤层？

4. 根据断裂面两侧煤层错动的方向断层分为哪 3 种类型？如何区分它们？

5. 矿井开拓方式分为哪 5 种？

6. 简述采煤工作面煤炭提升运输到地面系统的路线。

7. 煤矿安全避险"六大系统"指哪些系统？

8. 煤矿井下紧急避险系统应符合哪些要求？

第三章　煤矿农民工下井须知

学习目的：

通过本章的学习，掌握煤矿农民工安全培训的有关规定和要求；熟悉井下安全设施与安全标志，做到认识、爱惜和维护这些设施、标志；做好下井前准备工作，注意吃饱、睡足、不喝酒，不带烟火下井。了解采掘工作面作业基础知识：采掘方法、支护形式及支架安全质量标准化要求，搞好采掘安全生产。

第一节　入矿后安全教育培训

一、煤矿安全教育培训有关规定

1. 从事采煤、掘进、机电、运输、通风、地测等工作的班组长，以及新招入矿的其他农民工初次安全培训时间不得少于72学时，每年接受再培训的时间不得少于20学时。

2. 煤矿农民工调整工作岗位或者离开本岗位1年以上

（含1年）重新上岗前，应当重新接受安全培训，经培训合格后，方可上岗作业。

你已经离开本岗位一年，应重新进行考核

3. 煤矿首次采用新工艺、新技术、新材料或者使用新设备的，应当对相关岗位农民工进行专门的安全培训，经培训合格后，方可上岗作业。

4. 煤矿应当建立井下农民工实习制度，制定新招入矿的井下作业人员实习大纲和计划，安排有经验的职工带领新招入矿的井下农民工进行实习。新招入矿的井下农民工实习满 4 个月后，方可独立上岗作业。

二、新招入矿农民工安全培训内容

对新招入矿农民工的安全教育培训分为 3 级来进行，即矿级、区（队）级和班（组）级。

1. 矿级安全教育培训

（1）本矿安全生产情况及安全生产基本知识。

（2）本矿安全生产规章制度和劳动纪律。

（3）从业人员安全生产权利和义务。

（4）事故应急救援、事故应急预案演练及防范措施。

（5）有关事故案例等。

2. 区（队）级安全教育培训

（1）工作环境及危险因素。

（2）所从事工种可能遭受的职业伤害和伤亡事故。

（3）所从事工种的安全职责、操作技能及强制性标准。

（4）自救互救、急救方法、疏散和现场紧急情况的处理。

（5）安全设备设施、个人防护用品的使用和维护。

（6）本区（队）安全生产状况及规章制度。

（7）预防事故和职业危害的措施及应注意的安全事项。

（8）有关事故案例。

（9）其他需要培训的内容。

49

3. 班（组）级安全教育培训

（1）岗位安全操作规程。

（2）岗位之间工作衔接配合的安全与职业卫生事项。

（3）有关事故案例。

（4）其他需要培训的内容。

从业人员在矿井内调整工作岗位或离岗一年以上重新上岗时，应当重新接受区（队）和班（组）级的安全培训。

三、农民工安全教育培训的基本知识

1. "安全第一"的知识

使农民工了解煤矿安全生产方针和相关法律法规，增强法制观念，提高安全意识，牢固树立"不安全不生产"的思想。

2. 安全技术知识

使农民工了解煤矿安全生产技术知识，对矿井灾害事故的形成和防范措施有初步认识。

3. 安全技能知识

使农民工了解本工种的操作技能要求，掌握所要接触的安全装置和生产机械、工具的性能和正确使用方法。

4. 安全心理知识

农民工下井的心理状态对安全生产有深刻影响。因此，研究这些心理现象并采取相应对策，是保证农民工下井安全的一项重要工作。

农民工不利于安全生产的心理现象主要有以下几种：

（1）紧张畏惧心理。有的农民工对井下条件陌生，产生紧张畏惧心理。过度紧张会带来一系列的行为错乱。只要预防工作做得好，事故是可以避免的。"只有防而不实，没有防不胜防"。

（2）好奇心理。有的农民工对井下的一切都感到新奇，见到新设备想用手摸一摸，见到有栅栏的盲巷想钻进去看一看，一不小心就造成了工伤事故。"好奇一时，痛苦一世"。

（3）与己无关心理。有的农民工认为安全工作只是领导和老工人的事，与自己没有关系。"一人违章，大伙遭殃"，"安全生产，人人有责"。

（4）侥幸心理。有的农民工看到违章并没有都出现工伤，因而产生了侥幸心理。"侥幸心理是祸根，结出苦果自己吞"，世界上的事往往不怕一万、就怕万一。

（5）无所谓心理。有的农民工什么也不在乎，想怎么干就怎么干，认为不管违章不违章，不磕不碰就行。"耍大胆，盲目干，事故早晚要出现"。

（6）逆反心理。有的农民工对领导和同志的帮助教育产生抵触情绪，你这么说，我偏不这么干。"良药苦口利于病，忠言逆耳利于行"。

（7）懒惰心理。有的农民工认为井下作业又脏又累，认为按章作业辛苦，为了省力而省去必要的安全工序，久而久之酿成大祸。"简化作业省一步，影响安全万里路"。

（8）麻痹心理。有的农民工明知很危险，但麻痹大意，最后撞得头破血流。"麻痹事故来，警惕安全在"。

（9）急躁心理。有的农民工急于求成，现场作业只图快，不执行操作规程，不讲究规定质量，给安全带来隐患。"宁绕百丈远，不走一步险"。

（10）尾巴心理。有的农民工看到别人违章，也没有人制止，因而也跟着违章。"学习好人做模范，跟着坏人当混蛋"。

第二节　井下安全设施与安全标志

一、井下安全设施

井下安全设施是指装置在井下巷道、硐室等处的专门用于安全生产的设施。其作用是防止事故的发生或者缩小事故范围，减轻事故的危害。每个农民工都必须自觉爱护和维护安全设施，不随意触摸、移动，甚至损坏。

1. 通风安全设施

通风安全设施主要有局部通风机、风筒及风门、风窗、风墙、风障、风桥和栅栏等。其作用是控制和调节井下风流和风量，供给各工作地点所需要的新鲜空气，调节温度、湿度，稀释空气中有毒有害气体浓度。

局部通风机、风筒主要安设在掘进工作面及其他需要通风的硐室、巷道，栅栏安设在无风、禁止人员进入的地点，其他通风安全设施安设在需要控制和调节通风的相应地点。

2. 防瓦斯安全设施

防瓦斯安全设施主要有瓦斯监测和自动报警断电装置等，其作用是监测周围环境空气中的瓦斯浓度。当瓦斯浓度超过规定的安全值时，会自动发出报警信号；当浓度达到危险值时，会自动切断被测范围的电力电源，以防止瓦斯爆炸事故的发生。

瓦斯监测和自动报警断电装置主要安设在掘进煤巷和其他容易产生瓦斯积聚的地方。

3. 防、灭火安全设施

防、灭火安全设施主要有灭火器、灭火砂箱、铁锹、水桶、消防水管、防火铁门和防火墙等。其作用是扑灭初起火灾和控制火势蔓延。

防、灭火安全设施主要安设在机电硐室及机电设备较集中的地点。防火铁门主要安设在机电硐室的出入口和矿井的下井口附近，防火墙构筑在需要密封的火区巷道中。

4. 防、隔爆设施

防、隔爆设施主要有防爆门、隔爆水袋、水槽、岩粉棚和防爆墙等。其作用是阻隔爆炸冲击波，抑制高温火烟的蔓延扩大，减小因爆炸带来的危害。

隔爆水袋、水槽、岩粉棚主要安设在矿井有关巷道和采掘工作面的进回风巷中，防爆铁门安设在机电硐室的出入口，井下爆炸器材库的两个出口必须安设能自动关闭的抗冲击波活门和抗冲击波防爆墙。

5. 防尘安全设施

防尘安全设施主要有喷雾洒水装置及系统。其作用是降低空气中的粉尘浓度，防止煤尘发生爆炸和影响作业人员身体健康，保持良好的作业环境。

防尘安全设施主要安设在采掘工作面的回风巷道和其他矿井有关巷道以及转载点、放煤仓口和装煤（矸）点等处。

6. 防、隔水安全设施

54

防、隔水安全设施主要有水沟、排水管道、防水闸门和防水墙等。其作用是防止矿井突然出水造成水害和控制水害影响的范围。

水沟和排水管道设置在巷道一侧，且具有一定坡度，能实现自流排水，若往上排水即需加设排水泵；其他设施安设在受水患威胁的地点。

7. 提升运输安全设施

提升运输安全设施主要有罐门、罐帘、各种信号灯、电铃、阻挡车器等。其作用是保证提升运输过程的安全。

（1）罐门、罐帘。主要安设在提升人员的罐笼口，防止人员误乘罐、随意乘罐。

（2）各种信号灯、电铃、笛子、语言信号、口哨、手势等。在提升运输过程中安设和使用，用以指挥调度车辆运行或者表示提升运输设备的工作状态。

（3）阻挡车器。主要安装在井筒进口和倾斜巷道中，防止车辆自动滑向井筒，防止倾斜巷道发生跑车或跑车后不致造成更大的损失。

8. 电气安全设施

供电系统及各电气设备上装设漏电继电器和接地装置，其目的是防止发生各种电气故障，避免造成人身触电等事故。

9. 躲避硐室

躲避硐室主要有以下 3 种。

（1）躲避硐。水平和倾斜巷道中，为防止车辆运输刮人、跑车、撞人事故的发生而设置的躲避硐。

（2）避难硐室。避难硐室是事先构筑在井底车场附近或采掘工作面附近的一种安全设施。其作用是当井下发生灾害事故时，灾区人员无法撤退而暂时躲避待救的地点。

（3）压风自救硐室。当发生瓦斯突出事故时，灾区人员进入压风自救硐室避灾自救，等待救援。通常设置在煤与瓦斯突出矿井采掘工作面的进回风巷、有人工作的场所和人员流动的巷道中。

二、井下安全标志

安全标志是指井下悬挂或张贴的图文标志，目的在于警示人们注意不安全因素，预防事故的发生。煤矿农民工必须做到认识、爱惜和维护安全标志，发现有变形、损坏、变色、图形符号脱落、亮度老化等现象，应及时向有关部门和领导报告，以便及时修理或更换。

煤矿井下安全标志分为主标志和文字补充标志两类。

1. 主标志

主标志分为禁止标志，警告标志，指令标志和路标、名牌、提示标志。

（1）禁止标志：禁止或制止人们的某种行为的标志，共19种。

其特征是外圆圈和斜杠为红色，圈内人、物为黑色，空间为白色。

禁止标志如图3—1所示。

a)　　　　　　　　　　　b)

图3—1　禁止标志

a）禁止启动　b）禁止通行

（2）警告标志：警告人们注意可能发生危险的标志，共19种。

其特征是外缘三角形和三角形内人、物为黑色，三角形内空间为黄色。

警告标志如图3—2所示。

a)　　　　　　　　　　　b)

图3—2　警告标志

a）当心交叉道口　b）当心有害气体中毒

（3）指令标志：指示人们必须遵守某种规定的标志，共11种。其特征是外圆圈和圈内人、物为白色，圈内空间为蓝色。指令标志如图3—3所示。

a)   b)

图3—3　指令标志

a) 必须携带自救器　b) 必须走人行道

（4）路标、名牌、提示标志：告诉人们目标方向、地点的标志，共20种。

其特征是方框。

1）目标方向标志的特征是方框上半部以文字表示目标，下半部以箭头表示方向，箭头为白色，处于红、绿或黄色当中。

目标方向标志如图3—4所示。

2）地点标志的特征是外缘方框及框内人、物为白色，方框内空间为绿色。

地点标志如图3—5所示。

3）名牌标志的特征是牌板的具体内容，如测风牌、瓦斯巡检牌等。

 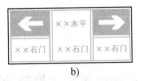

a) b)

图 3—4　目标方向标志

a）回风巷道　b）路标

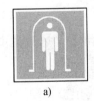 

a) b)

图 3—5　地点标志

a）躲避硐　b）急救站

2. 文字补充标志

文字补充标志是主标志的文字说明或方向指示，它必须与主标志同时使用。

文字补充标志如图 3—6 所示。

图 3—6　文字补充标志

59

第三节 下井前准备工作

一、正确佩戴和使用劳动防护用品

下井前要穿戴好工作服、胶靴、毛巾和矿工帽，系好腰带。

（1）工作服。因为井下气候潮湿，风流速度高、温度低，而且有大量矿尘，所以，在作业时要穿坚固、保暖的工作服。注意穿戴整齐利索，袖口扎好，防止被转动的机器缠咬。但不能穿化纤衣服，因为化纤衣服容易产生静电，静电火花可能引起瓦斯、煤尘或电雷管意外爆炸。如果工作地点有淋水或进行湿式钻眼、洒水防尘和喷浆等工序时，还应穿好雨衣，防止因淋湿而感冒生病。

（2）胶靴。因为井下作业现场泥水较多，有时还要站在泥水中操作，所以必须穿胶靴。同时，穿绝缘胶靴还可防止人体触电。

（3）毛巾。脖子上最好围一条毛巾，既可防止煤（矸）碎块或矿尘掉入衣服里面，又可擦汗。同时，在发生灾害事故时，可以用毛巾沾水捂住鼻口进行自救和互救。

（4）矿工帽。因为顶板的碎矸经常掉下砸头，同时井下空间较小，容易碰头，所以要戴好矿工帽。防止头部遭到撞、碰和砸等伤害。同时，注意矿工帽里面的衬垫带要合格，戴矿工帽时要系好帽带。

（5）腰带。腰带可以系自救器、矿灯盒和随身携带的小件物品。腰带要系在工作服最外面，以使工作服穿着利索。

二、随身携带自救器

自救器是工人在发生重大灾害事故时的重要自救装备，现

61

场工人常称其"救命器"。如发生瓦斯、煤尘爆炸和火灾时，工人应及时戴好自救器，有组织地按预定避灾路线撤出灾区。不佩戴自救器或不会使用自救器的工人一律不准下井。

三、随身携带矿灯

1. 矿灯的作用

矿灯是矿工的眼睛，不带矿灯下井，工人和"瞎子"一样，寸步难行。新型矿灯还兼有瓦斯监测和报警功能。在发生危险时可作为应急信号，如晃灯停车。在紧急避险时还可传递呼救信号。同时，矿灯还可作为清点上、下井人数的依据之一。

2. 新型矿灯特点

（1）KSW5LM（A）甲烷报警矿灯。该矿灯将瓦斯检测报警装置和矿灯一体化，同时具有工作照明和瓦斯浓度超限报警双重功能。它采用免维护铅酸电池和 LED 光源，产品体积小，重量轻，携带方便，电池无记忆性，可随时充电。电池无有害气体溢出，无污染。LED 光源寿命长，矿灯使用期间无须更换光源。

KSW5LM（A）甲烷报警矿灯如图 3—7 所示。

（2）KL 型矿灯。该矿灯灯头内装有两个 LED 光源，其中主光源采用 1 W 白光 LED，副光源采用 0.5 W 白光 LED，万一主光源损坏，副光源可继续照明。LED 光源寿命长，无

图 3—7 KSW5LM（A）甲烷报警矿灯外形

须更换灯泡；光通量大，聚光性能好，照度高；采用头灯充电方式，灯内装有锂电池充电自动控制电路；矿灯体积小，质量轻，携带方便；锂电池内装有 PTC，具有过充电、过放电、过电流、过电压和过热保护功能。

3. 矿灯的完好检查

矿灯应保持完好，如出现电池漏液、亮度不够、电线破损、灯锁失效、灯头密封不严、灯头圈松动或玻璃罩破碎等情况，严禁携带下井。

4. 携带矿灯注意事项

领到矿灯后，一定要认真进行检查。因为损坏的矿灯可能会产生电火花，引发重大事故。矿灯经检查无误后，要随身携带好。灯头插在矿工帽上，不要提在手里，更不能打悠圈闹着玩；电池盒要系在腰带上，不要用腰带背在肩上。井下禁止拆开、敲打、撞击灯头，不得乱扔、磕碰或垫坐电池盒，不得用力拉、刮、挤、咬电缆。

5. 矿灯应存放在阴凉、干燥、清洁的环境中，禁止放入水中、靠近或投入火源中。

6. 上井后要将矿灯交回到矿灯房，以便及时充电、检修和清除煤污。

【事故实例】 2010 年 5 月 8 日，湖北省恩施州利川市水井湾煤矿有限责任公司作业人员在井下违规使用、操作失误使矿灯产生电火花，发生一起重大瓦斯爆炸事故，造成 10 人死亡，4 人重伤，2 人轻伤，直接经济损失 580 万元。

四、戴好手套、口罩、眼罩、耳塞

井下作业有时会接触对人体皮肤有伤害的物品。例如：喷射混凝土和灌注树脂锚固剂等，必须戴好防护手套；采掘机司机在割煤时要戴防尘口罩，喷射混凝土要戴防护眼罩；风动凿岩机司机在钻眼时要戴耳塞。

五、其他注意事项

1. 下井前一定要注意吃饱、睡足、休息好；不赌博，不打架，做到心情愉快，保持精力旺盛。

2. 下井前严禁喝酒。因为人在酒后往往神志昏沉，精神不集中，生产中容易出现差错，所以喝了酒的人严禁下井。

3. 不准带香烟和打火机、火柴下井。因为在井下吸烟、点火会引起瓦斯、煤尘爆炸和井下火灾。

【事故实例】　2008年1月12日7时50分，江西省铅山县螺丝坞煤矿工人坐矿车下井时抽烟，下车前在距一水平上部车场25 m处顺手将烟头丢至支护背料处，在风流的作用下，引燃了支护背帮护顶的竹梢，导致了火灾事故的发生。造成7人死亡，直接经济损失268万元。

4. 入井前要把携带的锋利工具套上防护套，以免碰伤自己和他人。

5. 按时参加班前会。班前会主要布置当班的生产工作任务、作业现场存在的安全隐患和本班应注意的安全事项，每一个下井作业的工人要经过安全确认，背诵安全理念，进行安全宣誓。

6. 入井检身和人员清点制度

入井检身和出入井人员清点制度是对下井人员应该做到的

基本要求进行督促和检查，准确掌握出入井人员情况。例如：入井检身时发现入井人员误带了烟火，可以在下井前取出，存于井上；清点出入井人员可以准确地掌握井下现有人数；井下发生意外事故时，能及时掌握井下人员情况，便于实施救援。

第四节　采掘作业常识

一、采煤作业常识

1. 采煤工作面的生产过程

（1）破煤：把煤炭从工作面煤壁上破落下来。

（2）装煤：把破落下来的煤炭装进工作面输送机。

（3）运煤：把装进输送机里的煤炭运出工作面。

（4）支护：对破煤后暴露出来的工作面顶板进行支护。

（5）放顶：对采空区侧的支架进行回撤以使顶板自行垮落。

2. 采煤工作面类型

由于使用的采煤工艺和支护设备不同，采煤工作面分为以下 4 种类型。

（1）炮采工作面。炮采工作面就是用钻眼爆破方法破煤、人工装煤、刮板输送机运煤、单体支柱支护和人工回柱放顶的采煤工作面。

（2）普通机械化采煤工作面（简称普采工作面）。普采工作面是用采煤机破煤和装煤、刮板输送机运煤、单体液压支柱支护和人工回柱放顶的采煤工作面。

（3）综合机械化采煤工作面（简称综采工作面）。综采工作面是用双滚筒采煤机破煤和装煤、刮板输送机运煤、自移式液压支架支护、移溜和放顶的采煤工作面。

综采工作面采煤工序为：割煤→降柱→移架→升柱→移溜，全部实现机械化作业。综采工作面安全性好、产量高、效率高、消耗低，是实现煤炭工业发展和安全生产的重要技术途径之一。

（4）连续采煤机工作面（简称连采工作面）。连续采煤机是装有截割臂和截割滚筒，能自行行走，具有装运功能，适用于短壁开采和长壁综采工作面采准巷道掘进，并具有掘进与采煤两种功能的设备。在房柱式采煤、回收边角煤以及长壁开采的煤巷快速掘进中得到了广泛的应用。

由于连续采煤机具有截割能力强、装运能力大、工作效率高等优点，已经成为现代煤矿机械化开采的必备设备。

3. 采煤工作面支架形式

（1）单体液压支柱和金属铰接顶梁配套支架

1）根据单体支柱在悬臂梁上的位置可分为正悬臂和倒悬臂两种。

①正悬臂：悬臂梁的长段部分在支柱的煤壁侧，有利于支护机道上方的顶板；短段部分在支柱的采空区侧，顶梁不易被折损。

②倒悬臂：悬臂梁长段部分在支柱的采空区侧，支柱不易被采空区塌落的矸石淤埋，但顶梁容易折损。

悬臂梁的形式如图 3—8 所示。

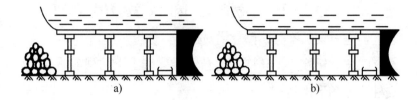

图 3—8　悬臂梁形式

a）正悬臂　b）倒悬臂

2）根据单体支柱和悬臂梁的配合方式可分为齐梁齐柱、错梁齐柱和错梁错柱 3 种。

①齐梁齐柱式。其特点是悬臂梁梁端和支柱每排均成直线。

当悬臂梁长度等于截深或一茬炮进尺时，这种形式规格质量容易掌握，放顶线整齐，工序较简单，便于组织和管理。但由于截深或一茬炮进尺大，每架支架都要挂梁和打柱，所需时间较长。因此，在煤层松软、顶板稳定性差的条件下不宜采用。

当悬臂梁长度等于截深或一茬炮进度的两倍时，这种形式因割第一刀或放第一茬炮时挂不上梁，机道空顶距太大，顶板易冒落，加之工人的工作量前后时间不均衡，故很少使用。

②错梁齐柱式。其特点是悬臂梁梁端上下两列前后交错，但支柱每排均成直线。

使用这种形式时，割第一刀煤时，间隔挂一半短梁，打临时支柱；割第二刀煤时，间隔挂另一半长梁，回撤临时支柱，打永久支柱。错梁齐柱的优点是：可以使机道上方顶板悬露窄

69

小；工人的工作量前后时间均衡；支柱成直线，行人、运料方便；在切顶线处支柱不易被淤埋。因此，这种方式现场采用较多。但它对切顶不利，倒悬梁易损坏。

③错梁错柱式。其特点是悬臂梁梁端上下两列前后交错，支柱成三角形排列。

错梁错柱式的优点是：每割一刀煤后均能间隔挂一半顶梁，能及时支护顶板；割每刀煤的支架工作量均衡，支架密度均匀，便于打柱与回柱放顶综合作业；每次放顶步距小，放顶较安全。其缺点是：支柱三角形排列，规格质量不便掌握；放顶线处支柱少、受力大，不利于挡矸；支柱间空间小，行人、运料不方便，所以很少使用。

单体支柱和悬臂梁的配合方式如图3—9所示。

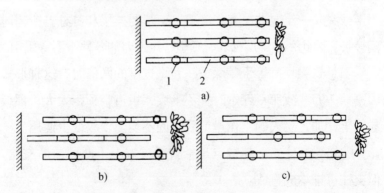

图 3—9　单体支柱和悬臂梁的配合方式

a) 齐梁齐柱式　b) 错梁齐柱式　c) 错梁错柱式

1—支柱　2—金属顶梁

（2）单体液压支柱和"Π"形钢梁配套支架

"Π"形钢梁是由两根"Π"形钢梁对焊而成，其长度有
2.4 m、2.8 m和3.2 m等多种。单体液压支柱和"Π"形钢
梁配套支架交替迈步支护顶板，缩小了端面距，增加了支架稳
定性，保证了回柱放顶安全。

（3）综采液压支架

自移式液压支架是一种维护采煤空间的机械化支护设备。
它以高压液体为动力，使支护、移架、切顶和推移输送机等过
程一起完成。实践证明，液压支架具有支护性能好、强度高、
移设速度快、安全可靠等优点，是目前最先进的采煤支护
手段。

自移式液压支架与大功率双滚筒采煤机、大功率高强度重
型可弯曲刮板输送机相配合，实现了综合机械化采煤，大大降
低了劳动强度，提高了劳动效率和安全性，是我国煤矿生产的
发展方向。

1）液压支架的形式。按照支架与围岩相互作用的关系及
其立柱布置方式，液压支架的形式一般可分为支撑式、掩护式
和支撑掩护式3大类。

①支撑式支架。支撑式支架是指立柱通过顶梁直接支撑顶
板，对冒落矸石没有完善的掩护构件的液压支架。包括节式和
垛式等支架。主要由顶梁、前梁、立柱、控制阀、推移装置和
底座6部分组成。

支撑式支架结构如图 3—10 所示。

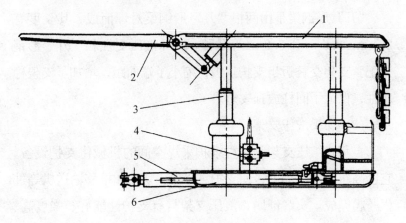

图 3—10 支撑式液压支架

1—顶梁 2—前梁 3—立柱 4—控制阀 5—推移装置 6—底座

②掩护式支架。掩护式支架是指只有一排立柱，直接或间接通过顶梁向顶板传递支撑力，用掩护梁、连杆等起稳定作用并有较完善的掩护挡矸装置的液压支架。主要由顶梁、推移装置、底座、立柱、掩护梁和连杆 6 部分组成。

掩护式支架结构如图 3—11 所示。

③支撑掩护式支架。支撑掩护式支架是指有两排或两排以上立柱，直接或间接地通过顶梁向顶板传递支撑力，用掩护梁、连杆等起稳定作用并有较完善的掩护挡矸装置的液压支架。主要由护帮装置、前梁、顶梁、立柱、掩护梁、连杆、底座和推移装置 8 部分组成。

支撑掩护式支架结构如图 3—12 所示。

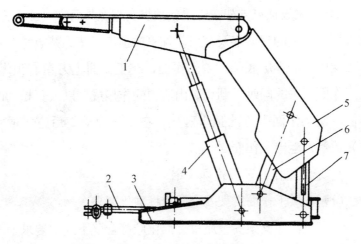

图 3—11　掩护式液压支架

1—顶梁　2—推移装置　3—底座　4—立柱　5—掩护梁　6、7—连杆

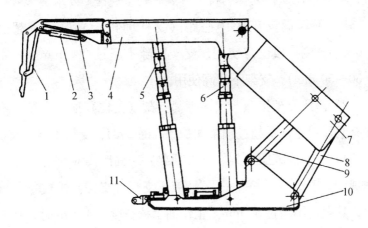

图 3—12　支撑掩护式液压支架

1、2—护帮装置　3—前梁　4—顶梁　5、6—立柱　7—掩护梁

8、9—连杆　10—底座　11—推移装置

73

2）综采放顶煤支架。综采放顶煤支架在其后方（或上方）留有可开、关的放落煤炭窗口。综采放顶煤工艺的特点是在特厚煤层中，沿煤层底部布置工作面，在工作面上方留有顶煤，在工作面回采的同时，利用矿山压力的作用或辅以人工松动的方法，使工作面上方的顶煤破碎，在工作面支架后方（或上方）放落，运出工作面。

4. 采煤工作面顶板管理规定

（1）采煤工作面支架安全质量标准化要求

采煤工作面支架安全质量标准化应符合以下规定要求。

1）液压支架初撑力不低于额定值的 80％，有现场检测手段；单体液压支柱初撑力符合《煤矿安全规程》要求。

2）工作面支架的中心距（支柱间排距）误差不超过 100 mm，侧护板正常使用，支架间隙不超过 200 mm（柱距 −50～50 mm）；支架不超高使用。

3）液压支架接顶严实，相邻支架（支柱）顶梁平整，不应有明显错差（不超过顶梁侧护板高的 2/3），支架不挤不咬。

4）工作面液压支架（支柱顶梁）端面距离应符合作业规程规定。工作面"三直一平"，液压支架（支柱）排成一条直线，其误差不超过 50 mm。工作面伞檐长度大于 1 m 时，其最大突出部分薄煤层不超过 150 mm，中厚以上煤层不超过 200 mm；伞檐长度在 1 m 以下时，最突出部分薄煤层不超过 200 mm，中厚煤层不超过 250 mm。

5) 支架（支柱）应进行编号管理，牌号清晰。

6) 工作面内特殊支护齐全；局部悬顶和冒落不充分（面积小于 2 m×5 m）的应采取措施，超过的应进行强制放顶。特殊情况下不能强制放顶时，应有加强支护的可靠措施和矿压观测监测手段。

7) 不应随意留顶煤开采。留煤顶、托夹矸开采时，应有经过审查批准的专项安全技术措施。

8) 采用放顶煤、采空区充填工艺等特殊生产工艺的采煤工作面，支护和顶板管理应符合作业规程的要求。

9) 工作面因顶板破碎或分层开采，需要铺设假顶时，应按照作业规程的规定执行。

10) 做好对工作面工程质量、顶板管理、规程落实及安全隐患整改情况的班组评估工作，并做好记录。

11) 工作面控顶范围内，顶底板移近量按采高不大于 100 mm/m；底板松软时，支柱应穿柱鞋，钻底小于 100 mm；工作面顶板不应出现台阶下沉现象。

12) 回风、运输巷与工作面放顶线放齐，控顶距应符合作业规程的规定；挡矸有效。

(2) 采煤工作面上下出口支护规定

为了保证工作面上下出口畅通，必须设专人维护，保证支架完整无缺。发生支架断梁折柱、巷道底鼓变形时，必须及时更换、清挖。

1）采煤工作面必须保持至少两个安全出口，开采三角煤、残留煤柱，不能保持两个安全出口时，必须制定安全措施，报企业主要负责人审批。

2）两个安全出口，一个通到回风巷道，另一个通到进风巷道。既能保障工作面正常通风，又能保证两个安全出口间的安全距离，不至于两个安全出口同时遭到破坏。

3）工作面安全出口畅通，不能堆积大量设备、器材、材料和煤矸等杂物。

4）安全出口人行道宽度不小于 0.8 m，综采（放）工作面高度不低于 1.8 m，其他工作面高度不低于 1.6 m。

5）面内支护与出口巷道支护间距不大于 0.5 m，架设抬棚的单体支柱初撑力不小于 11.5 MPa。宜使用端头支架或其他有效支护形式。

6）超前支护距离不小于 20 m，初撑力符合《煤矿安全规程》的规定。

7）架棚巷道超前替换距离符合作业规程规定。

二、掘进作业常识

为了开采地下煤炭，需要从地面向地下开掘一系列巷道通达煤层以构成采煤工作面。井巷工程施工称为掘进作业。

1. 巷道掘进方法

巷道掘进方法有钻眼爆破法和综合机械化法两种。

（1）钻眼爆破掘进

钻眼爆破法的主要工序是钻眼、爆破、装煤矸、支护等。它是目前我国煤矿掘进工作面应用最广泛的一种方法，但是工人劳动强度较大，掘进速度较低。

掘进工作面炮眼的布置合理与否，是提高钻眼爆破法效率和质量的主要因素。

掘进工作面炮眼按其用途和位置可分为掏槽眼、辅助眼和周边眼 3 类。

掘进工作面炮眼布置如图 3—13 所示。

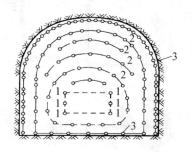

图 3—13　掘进工作面炮眼布置

1—掏槽眼　2—辅助眼　3—周边眼

1）掏槽眼

掏槽眼的作用是将工作面的部分煤（岩）首先破碎并抛出，在工作面上形成第二个自由面，为其他炮眼爆破创造有利条件。掏槽眼的质量决定着第一茬炮的成败，对掘进进尺起关键性作用。

掏槽眼一般布置在巷道断面的中下部，以便于钻眼时掌握方向，并有助于其他多数炮眼爆破时煤（岩）借助自身重量崩落。由于掏槽眼受到周围煤（岩）体的挤压作用，一般炮眼利用率为 80% 左右，故掏槽眼通常比其他炮眼深 200～300 mm。目前，常用的掏槽眼按其与工作面夹角不同分为直眼掏槽、斜眼掏槽和混合式掏槽 3 种方式。

斜眼掏槽如图 3—14 所示。

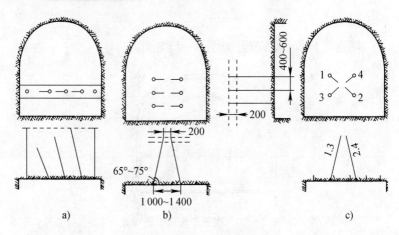

图 3—14 斜眼掏槽

a）扇形掏槽 b）楔形掏槽 c）锥形掏槽

2）辅助眼

辅助眼又称崩落眼，是布置在掏槽眼和周边眼之间的炮眼。它的作用是大量地崩落煤（岩），形成一定的空间，并为周边眼的爆破创造新的自由面，提高周边眼爆破效果。

辅助眼以槽洞为中心层布置，眼距应根据煤（岩）的最小抵抗线确定，一般为 500～700 mm，方向基本上要垂直工作面，布置比较均匀。装药系数一般为 0.45～0.60。如果采用光面爆破，紧邻周边眼的一圈辅助眼要为周边眼炸出一个理想的光面层，即光面层厚度比较均匀，且等于周边眼的最小抵抗线。

3）周边眼

周边眼包括顶眼、帮眼和底眼。顶眼和帮眼的布置对控制巷道断面的成形非常关键。按照光面爆破的要点，顶眼和帮眼的眼口应布置在巷道设计轮廓线上，但为了便于钻眼，炮眼稍向轮廓线外偏斜，眼底偏斜量不超过 150 mm，偏斜角由炮眼深度来调整，这样布置可使下一茬钻眼有足够的空间。

底眼的布置能控制巷道的标高和坡度，另外还能起到抛掷炸落煤（岩）的作用。底眼方向向下倾斜，眼口应比巷道底板高 150 mm 左右，以利于钻眼和防止往炮眼内灌水；眼底应低于巷道底板 200 mm 左右，以防飘底，并为铺轨创造有利条件。

底眼的最小抵抗线与炮眼间距一般与辅助眼相同。如果要使底眼产生有效抛掷作用，可适当缩小眼距，加大眼深，增加药量。

（2）综合机械化掘进

综合机械化掘进就是在掘进工作面采用了巷道掘进机，实现破煤（岩）、装煤（岩）、转载（岩）的连续机械化作业，有的掘进机还装有锚杆钻装机，可同时完成支护工作。与钻眼爆破法相比，具有工序少、速度快、效率高、质量好、施工安全、劳动强度小等优点。巷道掘进机有煤巷掘进机和岩巷掘进机两类。目前，煤巷掘进机在我国许多矿区得到了广泛应用，岩巷掘进机正处在试验推广阶段。

掘进机在巷道内的布置如图 3—15 所示。

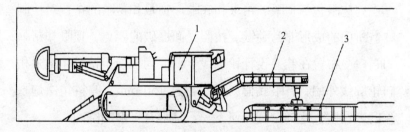

图 3—15　掘进机在巷道内的布置

1—掘进机　2—桥式转载胶带机　3—带式输送机

1）破煤（岩）。综掘机在工作面破煤（岩）时是靠镶有截齿的截割头转动完成的。截割头和截割悬臂连为一体。截割悬臂由液压装置控制，能够进行升降、水平回转和伸缩等，能截割出各种形状的巷道断面。

2）装煤（岩）。掘进工作面的煤（岩）被截割下来以后，落入巷道底部，在掘进机下部有耙爪，截剖头破煤的同时，耙爪不断地把煤耙入掘进机的刮板输送机内。

3）转载煤（岩）。为使掘进机能向不同配套的运输设备转载煤（岩），掘进机后面安装有带式转载机。带式转载机转座可绕立轴向左右摆动，以适应不同的转载位置。

4）掘进机的行走。掘进机行走机构为履带式，司机可操作掘进机前进、后退及左右转弯等动作。

2. 巷道断面形状和支护形式

（1）巷道断面形状

巷道断面的形状由围岩性质、井巷用途、服务年限和支护方式决定，主要有拱形断面、圆形断面、梯形断面和矩形断面等。

（2）掘进工作面支护形式

巷道掘出以后，为了防止顶板和两帮的煤（岩）发生过大变形和垮落，需要进行支护。巷道支护的目的是使巷道保持有效使用空间和保证安全生产。

1）金属梯形支架。金属梯形支架的顶梁、柱腿大多采用矿用工字钢加工而成，少数采用重型钢轨制成。金属梯形支架以一根顶梁和两根柱腿为主要构件，梁与腿的连接形式较多。柱腿下端焊接小块钢板，以防止其插入底板之中。为了保持支架稳定，与木梯形支架一样，需要架设木楔、撑杆和背板。

金属梯形支架坚固耐用，支撑能力较强，容易整形修理，可以多次复用，架设方便且防火。但是，它没有可缩性，在压力大的巷道中使用容易歪扭变形。

金属梯形支架主要应用在采准巷道或其他地压较大而断面

不大的巷道中。

金属梯形支架结构如图 3—16 所示。

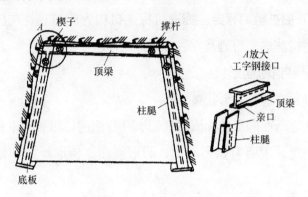

图 3—16　金属梯形支架

2）金属拱形可缩性支架。金属拱形可缩性支架由矿用特殊型钢制作。整个支架可以是三节、四节或更多节，各节之间用卡箍夹紧。当顶板压力超过一定限定值时，拱梁和柱腿产生滑动，使支架下缩变形，围岩压力暂时卸除。围岩的可缩性可以用卡箍的松紧来调节，为了增加支架稳定性应采用金属支（拉）杆相互拉（撑）紧。

金属拱形可缩性支架支撑能力较高，有较大的可缩性，整体性和稳定性较好，容易整形修理，复用率高。但是初期投资较高，对巷道断面形状要求较严，架设和回撤较困难。

金属拱形可缩性支架适用于地压大、地压不稳定和围岩变形量大的巷道，是我国煤矿使用最普遍、性能最好的一种支架。

金属拱形可缩性支架结构如图 3—17 所示。

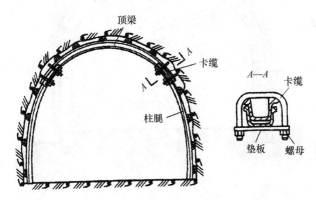

图 3—17 金属拱形可缩性支架

3) 砌碹支架。砌碹支架是指用砖、料石、混凝土或钢筋混凝土预制块砌筑而成的连接整体或支架。砌碹支架由直墙、拱顶和基础 3 部分组成。

砌碹支架支撑力较大、刚度大、通风阻力小、耐腐蚀、服务年限长，可就地取材。但筑砌砌碹支架时，工人劳动强度大，效率低，支架可缩量小，砌后充填困难，被压坏后维修较困难。

砌碹支架主要适用于围岩十分破碎、淋水较大、服务年限长、变形量小的岩巷。

砌碹支架结构如图 3—18 所示。

4) 喷浆和喷射混凝土支护。喷射混凝土支护是将一定配

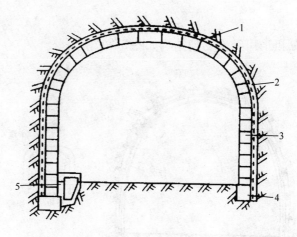

图 3—18　砌碹支架

1—拱顶　2—充填　3—直墙　4—基础　5—水沟

合比的水泥、沙子、石子和速凝剂输送到喷嘴，与水混合后高速喷射到岩面上，从而在凝结、硬化后形成一种支护结构的支护方式。

采用这种支护方式，不仅能及时封闭围岩，有效地防止因风化潮解而引起的围岩破坏剥落，而且能有效地充填围岩表面裂隙、凹穴，支撑因节理、裂隙形成的危岩活石，控制围岩的位移和变形。

由于其操作简单、支护及时，在我国煤矿岩巷掘进工作面应用十分广泛。但是这种支护方式存在回弹多、粉尘大的问题，应加强回弹物的回收复用，采取措施降低粉尘浓度，以降低成本和保障工人身体健康。此外，对围岩渗涌水必须提前处理，以保证喷射混凝土的质量。

5）锚杆支护。锚杆支护是在巷道掘进后向围岩中钻眼，然后将锚杆安设在眼内，对巷道围岩进行加固，以维护巷道稳定的一种支护方式。

目前，我国煤矿采掘工作面使用的锚杆包括：木锚杆、竹锚杆、废钢丝绳锚杆、金属管缝式锚杆、钢筋锚杆、玻璃钢锚杆、树脂锚杆和快硬水泥锚杆等。

实践证明，锚杆支护优点很多，如节约坑木和钢材、降低支架成本，掘进巷道断面利用率高、巷道变形小、失修少、维修费用低，工作安全、施工简单、劳动强度小，通风阻力小、掘进速度快等。由于其适应性强，广泛地用于各种类型的巷道支护。目前，锚杆支护在我国煤矿应用中发展迅速，应用极广。

锚杆支护结构如图 3—19 所示。

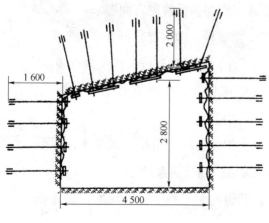

图 3—19　锚杆支护

85

6）联合支护。为了发挥某种支护形式的优点，克服其他支护形式的不足，往往采取联合支护形式。联合支护形式主要包括：架设金属梯形或拱形可缩性支架与喷射混凝土支护、锚杆与喷射混凝土支护锚网支护、锚梁支护、锚索支护等。

联合支护形式如图 3—20 所示。

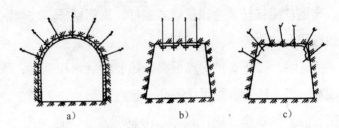

图 3—20　联合支护

a）锚喷支护　b）锚梁支护　c）锚网支护

3. 掘进工作面工程安全质量标准化要求

（1）掘进工作面顶板管理方面要求

掘进工作面顶板管理主要应符合下列要求。

1）掘进工作面控顶距离符合作业规程规定。

2）不应空顶作业，临时支护数量、形式符合作业规程要求。

3）架棚支护巷道应使用拉杆或撑木，炮掘工作面距迎头 10 m 内必须采取加固措施。

4）掘进巷道内无空帮、空顶现象，煤巷锚杆支护应建立监测系统。

（2）掘进工作面规格质量方面要求

掘进工作面规格质量方面有下列要求。

1）巷道净宽误差范围符合《煤矿井巷工程质量验收规范》（GB 50213—2010）的要求：锚网（索）、锚喷、钢架喷射混凝土巷道有中线的 0～100 mm，无中线的－50～200 mm；刚性支架、预制混凝土块、钢筋混凝土弧板、钢筋混凝土巷道有中线的 0～50 mm，无中线的钢筋混凝土巷道－30～80 mm，其他－30～50 mm；可缩性支架巷道有中线的 0～100 mm，无中线的－50～100 mm；裸体巷道有中线的 0～150 mm，无中线的－50～200 mm。

2）巷道净高误差范围符合 GB 50213—2010 的要求：锚网背（索）、锚喷巷道有腰线的 0～100 mm，无腰线的－50～200 mm；刚性支架巷道－30～50mm；钢架喷射混凝土、可缩性支架巷道－30～100 mm；裸体巷道有腰线的 0～150 mm，无腰线的－30～200 mm；预制混凝土块、钢筋混凝土弧板、钢筋混凝土巷道有腰线的 0～50 mm，无腰线的钢筋混凝土巷道－30～80 mm，其他－30～50 mm。

3）巷道坡度符合 GB 50213—2010 的要求，掘进坡度的偏差不得超过±1‰。

4）巷道水沟误差应符合以下要求：中线至内沿距离－50～50 mm，腰线至上沿距离－20～20 mm，深度、宽度－30～30 mm，壁厚－10～0 mm。

（3）掘进工作面内在质量方面要求

掘进工作面内在质量方面有下列要求。

1）锚喷巷道喷层厚度不低于设计值的 90%（现场每 25 m 打一组观测孔，一组观测孔至少打 3 个且均匀布置），喷射混凝土的强度符合设计要求，基础深度不小于设计值的 90%。

2）光面爆破眼痕率：硬岩不小于 80%、中硬岩不小于 50%、软岩周边成型应符合设计轮廓；煤、半煤不准出现超、欠挖 3 处（直径大于 500 mm、深度：顶大于 250 mm、帮大于 200 mm）。

3）锚杆（索）安装、螺母扭矩、抗拔力、网的铺设连接符合设计要求，锚杆（索）的间、排距−100～100 mm，锚杆（索）露出螺母长度为 10～40 mm，锚索露出锁具长度为 150～250 mm，锚杆应与井巷轮廓线切线或与层理面、节理面裂隙面垂直，最小不应小于 75°，抗拔力、预应力不应小于设计值的 90%。

4）刚性支架、钢架喷射混凝土、可缩性支架巷道偏差：支架间距≤50 mm、梁水平度≤40 mm、支架梁扭矩≤50 mm、立柱斜度≤1°、水平巷道支架前倾后仰柱≤1°，窝深度不小于设计值。

复习思考题

1. 新招入矿的农民工初次安全培训时间不得少于多少

学时？

2. 新招入矿的农民工实习满几个月后方可独立上岗作业？

3. 对新招入矿农民工的安全教育培训分为哪 3 级来进行？

4. 简述农民工不利于安全生产的 3 种主要心理现象。

5. 指出下列 a、b、c 3 种安全标志符号的种类和名称。

a. _____ b. _____ c. _____

6. 为什么不准在井下吸烟、点火？

7. 简述采煤工作面的生产过程。

8. 综合机械化采煤有哪些优点？

9. 工作面支架的中心距（支柱间排距）误差不超过多少？

10. 采煤工作面必须保持至少几个安全出口？

11. 掘进工作面炮眼按其用途和位置可分为哪几类？

12. 金属拱形可缩性支架有哪些优缺点？

13. 锚杆支护有哪些优点？

14. 有中线的锚喷巷道净宽误差范围为多少？

15. 无腰线的金属拱形可缩性支架巷道净高误差范围为

多少？

第四章 煤矿隐蔽致灾因素防治基础知识

学习目的：

本章为全书的重点，通过本章的学习，要了解矿井通风的重要性，初步了解矿井通风方式；熟悉采掘工作面通风系统。学习以后能认识矿井的通风方式，掌握采掘工作面通风系统。特别要了解瓦斯、煤尘、火灾、顶板、透水及机电运输爆破等事故形成原因、特征及防治方法，增强防治自然灾害意识，提高抵御各种灾害事故的能力。

第一节 矿井"一通三防"基础知识

"一通三防"是指加强矿井通风、防治瓦斯、防治煤尘和防止火灾事故的发生。煤矿井下开采存在着瓦斯及其他有害气体、煤尘、煤炭自燃等严重威胁，搞好"一通三防"工作，是煤矿安全工作的重中之重，也是杜绝重大灾害事故，实现煤矿安全状况根本好转的关键。

2002—2012 年期间，全国煤矿共发生特别重大瓦斯爆炸

(煤尘爆炸) 事故 38 起、死亡 2 530 人, 分别占同期特别重大事故总起数的 62.3% 和死亡人数的 73.1%。而瓦斯爆炸事故中, 有 27 起瓦斯积聚原因是由于通风系统不可靠、局部通风机循环风引起的, 占瓦斯爆炸事故的 93.1%, 是瓦斯事故的首要元凶。

【事故实例】 2013 年 3 月 29 日, 吉林省吉煤集团通化矿业公司八宝煤业有限责任公司忽视防灭火管理工作, 相关措施严重不落实。

一416 东水采工作面上区段采空区漏风, 煤炭自燃发火, 416 采区一250 石门一氧化碳浓度超限, 该矿组织人员施工 5 处密闭墙封闭采空区和 416 采区, 22 时 36 分发生瓦斯爆炸, 事故共造成 29 人遇难。

4 月 1 日 8 时, 通化矿业公司擅自违规派人员到八宝煤矿井下再次处理火区, 采取挂风障措施, 阻挡风流、控制风量。10 时 10 分左右, 八宝煤矿井下再次发生瓦斯爆炸。造成 7 人死亡、10 人被困、8 人受伤。

一、矿井通风

矿井通风既是煤矿生产的一个重要环节, 也是矿井安全重要的基础工作。为了供给井下人员呼吸所需要的氧气, 稀释和排除井下各种有害气体和粉尘, 调节井下气候条件, 创造良好的煤矿生产作业环境, 对瓦斯、煤尘和火灾实施切实可行的防治措施，提高矿井的抗灾救灾能力，必须对矿井进行通风工作。

【事故实例】 2011 年 10 月 17 日，重庆市奉节县大树镇兰靛村村民刘某利用富发煤矿已废弃的回风井非法组织生产，该非法采煤窝点独眼井开采，无通风系统，导致瓦斯积聚，井下电气设备失爆产生火花，发生重大瓦斯爆炸事故，造成 13 人死亡、3 人受伤。

1. 矿内空气

（1）矿内空气的主要成分

矿内空气来源于地面空气。地面空气的主要成分是氧、氮、二氧化碳。按体积百分比计，氧为 20.96%、氮为 79%、二氧化碳为 0.04%。

地面空气进入井下后，在气体性质和成分上都发生了一系列的变化。例如，氧气成分减少，二氧化碳和其他有害气体增加。

化学成分变化不大的空气叫新风，如从井筒、井底车场到采掘工作面进风口等处的空气；化学成分变化较大的空气叫乏风，如从采掘工作面到矿井回风井口等处的空气。

（2）矿内空气成分性质和安全标准

1）氧气（O_2）：氧气是无色、无味、无臭的气体，相对密度为 1.11。氧的化学性质活泼，能与大多数元素化合。氧能助燃和供人、动植物呼吸。

人维持正常生命过程的需氧量取决于人的体质、精神状态和劳动强度等。一般来说，人在休息时，平均需氧量为 0.25 L/min；工作和行走时平均需氧量为 1～3 L/min。如果空气中氧含量降低，就会影响人的身体健康，甚至造成死亡。采掘工作面的进风流中，氧气浓度不低于 20%。

2）氮气（N_2）：氮气是无色、无味、无臭的惰性气体，不助燃，也不参与呼吸中的反应。氮气的相对密度为 0.97。在正常情况下，氮气对人体无害，但是当空气中氮气含量过多时，就会使氧气的浓度相对减少，使人缺氧窒息。

3）二氧化碳（CO_2）：二氧化碳是无色、略带酸味的气体，易溶于水，不助燃，也不参与呼吸中的反应，相对密度为 1.52。该气体多积存在通风不良的巷道底部等低矮地方，对人的眼、鼻、口腔黏膜有刺激作用。

二氧化碳对人体影响较大，微量二氧化碳能促使呼吸加快，呼吸量增加。当空气中二氧化碳的含量（体积分数，下同）为 1% 时，人体呼吸急促；含量为 5% 时，人体呼吸困难，伴有耳鸣和血液流动加快的感觉；当含量增至 10%～20% 时，人体呼吸将处于停顿，并失去知觉；当高达 20%～25% 时，人将中毒死亡。

采掘工作面的进风流中，二氧化碳的含量不能超过 0.5%。矿井总回风巷或一翼回风巷中二氧化碳的含量超过 0.75% 时，必须立即查明原因，进行处理。

（3）矿井空气中的有害气体

1）一氧化碳（CO）

一氧化碳是无色、无味、无臭的气体，相对密度为 0.97，微溶于水。在正常的温度和压力下，化学性质不活泼。当空气中一氧化碳含量达到 13%～75% 时，能引起燃烧和爆炸。

一氧化碳毒性很强，它对人体血色素的亲和力比氧大

94

250～300 倍。因此，一氧化碳被吸入人体后，就阻碍了氧和血色素的结合，使人体各部分组织和细胞产生缺氧现象，引起人体中毒、窒息，以致死亡。人体一氧化碳中毒的明显特点是嘴唇呈桃红色，两颊有斑点。矿井空气中一氧化碳的最高允许含量为 0.0024%。

2）硫化氢（H_2S）

硫化氢是无色、微甜、有臭鸡蛋味的气体，相对密度为1.19，易溶于水。能燃烧和爆炸，爆炸浓度范围为 4.3%～46%，有强烈的毒性。

硫化氢能使人体血液中毒，对眼睛黏膜和呼吸系统有强烈的刺激作用。空气中硫化氢含量达到 0.000 1%时，人就能嗅到它的气味；当上升到 0.1%时，在极短时间内人就会死亡。井下空气中硫化氢的最高允许含量为 0.000 66%。

3）二氧化硫（SO_2）

二氧化硫是一种无色、具有强烈硫黄味的气体，易溶于水，相对密度为 2.22，易积聚在巷道底部。

二氧化硫对人体影响较大，能强烈刺激眼和呼吸器官，使喉咙和支气管发炎，呼吸麻痹，严重时会引起肺水肿。当空气中二氧化硫含量达 0.002%时，能引起眼红肿、流泪、咳嗽、头痛、喉痛；达到 0.005%时，能引起急性支气管炎和肺水肿，并在短时间内死亡。井下空气中二氧化硫最高允许含量为0.000 5%。

4）二氧化氮（NO_2）

二氧化氮是一种红褐色气体，相对密度为 1.59，极易溶于水。它与水结合成硝酸，对人的眼睛、鼻腔、呼吸道及肺部组织有强烈的破坏作用，能引起肺水肿。

二氧化氮中毒的特征是：开始无感觉，经过 6 h 或更长的时间才能出现中毒症状。即使在危险的浓度下中毒后，开始也只是感觉呼吸道刺激而咳嗽，经过 20～30 h 后，才发生较严重的支气管炎，呼吸困难，手指尖和头发出现黄斑，吐出淡黄色痰液，发生肺水肿，甚至死亡。矿井空气中二氧化氮的最高允许含量为 0.000 25%。

5）氨气（NH_3）

氨气是一种无色、具有强烈刺激性气味的气体，相对密度为 0.6，易溶于水，毒性很强。

氨气对人体上呼吸道黏膜有较大的刺激作用，引起咳嗽，使人流泪、头晕，严重时可致肺水肿。当空气中氨气含量达到 0.004%～0.009 3% 时，对人就有明显的刺激作用；当达到 0.047%～0.05% 时，对人有强烈的刺激作用，时间稍长能引起贫血，体重下降，抵抗力减弱，产生肺水肿，甚至死亡。矿井空气中的氨气的最高允许含量为 0.004%。

2. 矿井气候条件

矿井气候条件是井下温度、湿度和风速三者综合作用的结果。人不论在休息或工作时，体内都会不断地产生热量和散失热量，保持身体热平衡，使体温保持在 36.5～37.0℃。如果失去这种平衡，人体就会感到不舒服。这种热平衡受井下气候条件的影响，气候条件对人体健康和劳动生产率都有重要的影响。

（1）空气的温度

矿井空气的温度是影响井下气候条件的主要因素，温度过高或过低，对人体均有不良影响。最适宜的井下空气温度是 15～20℃。

生产矿井采掘工作面的空气温度不得超过 26℃，机电设备硐室的空气温度不得超过 30℃。

（2）空气的湿度

空气的湿度是指空气中含水蒸气的量，其表示方法有以下两种。

1）绝对湿度：绝对湿度是指 1 m^3 或 1 kg 空气中所含水蒸气的克数。

2）相对湿度：相对湿度是指一定体积空气中实际含有的水蒸气量与同温度、同体积下饱和水蒸气量之比的百分数。

井下最适宜的相对湿度为 50%～60%，湿度过大时可从空气温度和风速两方面来调节。

（3）风速

井巷和采掘工作面的风速过低或过高都不好。风速过低，人的汗水不易蒸发，人体多余的热量不易散失，就会感到闷热不舒服，另外风速低还容易积聚瓦斯和矿尘；风速过高时，矿尘飞扬，对安全生产和工人身体健康都不利。

《煤矿安全规程》对井巷中的风速有明确的规定，如有人通行的井巷风速不得超过 8 m/s；采煤工作面、掘进中的煤巷和半煤岩巷最低允许风速为 0.25 m/s，最高允许风速为 4 m/s；掘进中的岩巷最低允许风速为 0.15 m/s，最高允许风速为 4 m/s。

3. 矿井通风方式

按照矿井进、回风井的布置形式，矿井通风方式可分为以下 3 种基本类型。

（1）中央式

中央式是指进风井与回风井大致位于井田走向中央。根据回风井在沿煤层倾斜方向的不同位置，又分为中央并列式和中央分列式两种。

1）中央并列式：回风井位于沿煤层倾斜方向中央位置的工业广场内。这时，风流由进风井进入井底车场，经大巷至两翼工作面后，由石门返回中央回风井。

中央并列式通风方式如图 4—1 所示。

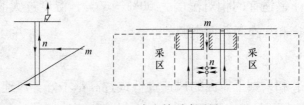

图 4—1　中央并列式通风

2) 中央分列式（又叫中央边界式）：回风井位于沿煤层倾斜方向的上部边界，回风井井底高于进风井井底。这时，风流由进风井进入井底车场，经大巷至两翼工作面后，由总回风大巷至回风井。

中央分列式通风方式如图 4—2 所示。

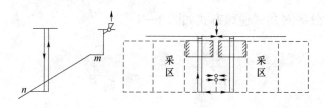

图 4—2　中央分列式通风

（2）对角式

对角式是指进风井位于井田中央，回风井分别位于井田浅部沿走向的两翼。根据回风井在井田浅部沿走向的不同位置，又分为两翼对角式和分区对角式 2 种形式。

1) 两翼对角式：回风井位于井田浅部走向两翼边界采区的中央。这时，风流由进风井进入井底车场，经大巷至两翼工作面，再分别由石门返回两翼的回风井。

两翼对角式通风方式如图 4—3 所示。

2) 分区对角式：沿采掘总回风巷每个采区开掘一个小回风井。这时，风流由进风井进入井底车场，经大巷至两翼工作面，分别由石门返回采区回风井。

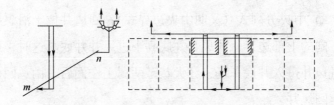

图4—3　两翼对角式通风

分区对角式通风方式如图4—4所示。

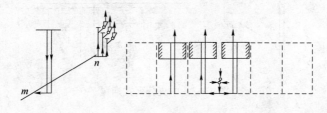

图4—4　分区对角式通风

（3）混合式

混合式是中央式和对角式的混合布置，它至少应由3个以上的井筒组成，如中央并列与两翼对角的混合式、中央分列与两翼对角混合式和中央并列与中央分列混合式等。混合式是大型矿井或老矿井进行深部开采时常用的一种通风方式。

中央边界与两翼对角混合式通风方式如图4—5所示。

4. 采煤工作面通风系统

采煤工作面通风系统主要由工作面进风平巷、回风平巷和工作面组成，形式多种多样。目前主要采用的是 U 形、Z 形、Y 形、W 形、U+L 形和双 U 形等形式。

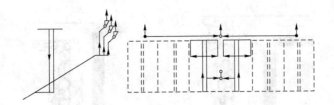

图4—5 中央边界与两翼对角混合式通风

(1) U形通风系统

U形通风系统又称反向通风系统。这种通风系统的优点是：系统简单，U形后退式通风系统采空区漏风量小，风流管理容易，巷道施工量和维修量小。但是，在工作面的上隅角附近容易积聚瓦斯。

U形通风系统结构如图4—6所示。

(2) Z形通风系统

Z形通风系统又叫顺向通风系统。这种通风系统的优点是：结构简单；能消除工作面上隅角积聚的瓦斯，还能排出一部分采空区内的瓦斯。缺点是：巷道维修量大；而且不利于自燃煤层的防火。

Z形通风系统结构如图4—7所示。

(3) Y形通风系统

Y形通风系统又称顺风掺新通风系统。当工作面瓦斯涌出量大，采用顺向通风系统仍不能降低工作面回风流中的瓦斯浓度时，可在工作面上平巷引进新鲜风流，将回风流中的瓦斯稀

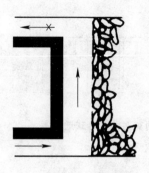

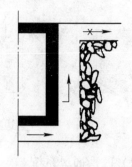

图 4—6　U 形通风系统　　　图 4—7　Z 形通风系统

释和冲淡，然后排出。它适用于瓦斯含量大的工作面，但巷道维修量大，而且不利于自燃煤层的防火。

Y 形通风系统结构如图 4—8 所示。

（4）W 形通风系统

W 形通风系统适用于双工作面条件。这时开掘三条平巷，使用一条平巷进风，两条平巷回风或者三条平巷都进风，在采空区内保留上下两条平巷作为回风巷。W 形通风系统对降温、防尘、减少漏风和防止采空区自燃都有较好的效果，但是巷道施工量和维修量都较大。

W 形通风系统结构如图 4—9 所示。

（5）U＋L 形通风系统

U＋L 形通风系统是在 U 形后退式通风系统的基础上演变而来。在工作面采空区或回风平巷的外侧增加一条平巷，作为专门排放瓦斯之用，俗称"尾巷"，形成一进二回的形式。这

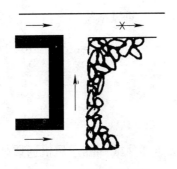

图4—8　Y形通风系统

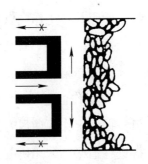

图4—9　W形通风系统

种通风系统的优点是：两条回风平巷的风量可以通过调阻加以
控制，以控制采空区涌向工作面的瓦斯量，使上隅角不致超限。缺点是：增加一条尾巷的施工量，巷道维修量大。目前，我国煤矿采煤工作面瓦斯涌出量很大，特别是高产放顶煤综采工作面，往往在抽放瓦斯和加大风量后仍不符合规定要求时，常采用U+L形通风系统。

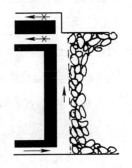

图4—10　U+L形
通风系统

U+L形通风系统结构如图4—10所示。

（6）双U形通风系统

双U形通风系统，即四条风巷（两条进风两条回风）通风系统。随着高产高效矿井建设，采煤工作面年产千万吨经常涌现。随着生产能力不断加大，瓦斯涌出量也越来越大，需要采取多条风巷的方案，这时出现了四条风巷通风系统。这种通风系统的优点是：工作面供风量大、通风系统稳定可靠、通风阻力小、抗灾能力强、有利于防尘等。缺点是：增加风巷的施工量，巷道维修量大。

5. 掘进工作面通风

（1）掘进工作面通风方法

掘进巷道必须采用矿井全风压通风或局部通风机通风。

1）矿井全风压通风

利用矿井全风压通风具有通风连续可靠、安全性好、管理方便等优点。但这种方法要求有足够的总风压，通风距离受到限制，所以仅适用于使用局部通风机不方便、通风距离又不大的巷道掘进中。

矿井全风压通风主要有纵向风障通风、风筒通风和平行巷道通风3种形式。

2）局部通风机通风

局部通风机通风是利用局部通风机和风筒把新鲜空气送到用风地点，是矿井广泛采用的一种掘进通风方法。

局部通风机结构紧凑、噪声小、高风压、大风量、效率高，其结构采用矿用隔爆型，可用于煤矿井下长距离局部通风。根据不同的通风需要，可选择整机使用，也可分级使用，从而达到合理送风、节约用电的目的。

FBD系列矿用隔爆型压入式对旋轴流式局部通风机如图4—11所示。

图 4—11　FBD 系列矿用隔爆型压入式对旋轴流式局部通风机

（2）局部通风机通风方式

局部通风机通风按照工作方式不同分为压入式、抽出式和混合式 3 种。目前，煤矿掘进工作面主要采用压入式通风。

局部通风机通风方式如图 4—12 所示。

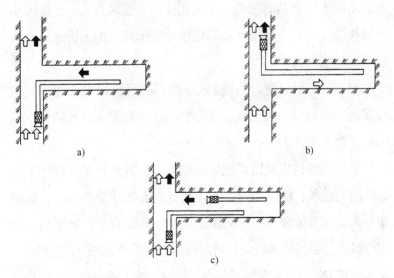

图 4—12　局部通风机通风

a）压入式　b）抽出式　c）混合式

1）局部通风机压入式通风。局部通风机压入式通风是指利用局部通风机和风筒将新鲜空气压入掘进工作面，而乏风经巷道排出。

①局部通风机压入式通风的优缺点。其优点是：风流从风筒末端射向工作面，风流有效射程较长，一般达 7～8 m。因此，容易排出工作面乏风和粉尘，通风效果好。同时，局部通风机安设在新鲜风流中，安全性能较好。其缺点是：掘进工作面排出的乏风和粉尘要经过有人作业的巷道，爆破时炮烟排出速度慢、时间长。

②局部通风机压入式通风的适用条件。煤巷、半煤岩巷和有瓦斯涌出的岩巷的掘进，应采用压入式通风方式。瓦斯喷出区域和煤（岩）与瓦斯（二氧化碳）突出煤层的掘进通风方式必须采用压入式。

2）局部通风机抽出式通风。局部通风机抽出式通风是指局部通风机经风筒抽出掘进工作面的乏风和粉尘，而新鲜空气由巷道进入工作面。

①局部通风机抽出式通风的优缺点。其优点是：掘进工作面排出的乏风、粉尘和炮烟不需要经过有人作业的巷道，保障作业人员的身体健康和提高掘进效率。其缺点是：风流由风筒末端吸入，通风效果较差；局部通风机安设在乏风中，乏风由局部通风机中流过，安全性能较差。同时，抽出式通风必须使用硬质风筒，或带刚性骨架的可伸缩风筒，成本高且适应性较差。

②局部通风机抽出式通风的限制使用条件。在局部通风机抽出式通风方式中，掘进工作面的瓦斯要经过风筒流入局部通风机内部而排出，一旦抽出式局部通风机防爆性能降低，防止静电和摩擦火花的性能差，就可能引发瓦斯爆炸事故。特别是当抽出式局部通风机因故障突然停止运转时，会造成瓦斯积聚，而超过局部通风机吸入风流中的瓦斯浓度的规定。《煤矿安全规程》中规定，煤巷、半煤岩巷和有瓦斯涌出的岩巷的掘进，应采用压入式通风方式，不得采用抽出式。喷出区域或煤（岩）与瓦斯（二氧化碳）突出煤层的掘进通风严禁采用抽出式。

3）局部通风机混合式通风。局部通风机混合式通风是指抽出式和压入式两种通风方法同时使用的一种方式，新鲜空气由压入式局部通风机和风筒压入掘进工作面，而乏风和粉尘则由抽出式局部通风机和风筒排出。按局部通风机和风筒的安设位置，分为长压长抽、长压短抽和长抽短压3种形式。

其优点是：通风效果好，特别适用于大断面、长距离岩巷掘进工作面的供风。

其缺点是：降低了压入式和抽出式两列风筒重叠段巷道内的风量，造成此处瓦斯积存较大。

（3）局部通风机安装规定

1）压入式局部通风机和启动装置，必须安装在进风巷道中，距掘进巷道回风口不得小于10 m。

2）全风压供给该处的风量必须大于局部通风机的吸入

风量。

3）局部通风机离地高度大于 0.3 m。

4）局部通风机的设备要齐全，吸风口有风罩和整流器，高压部位有衬垫。

5）风筒出口风量保证工作面和回风流瓦斯浓度不超限，巷道中风流风速符合规定。

6）严禁使用 3 台或 3 台以上局部通风机同时向 1 个掘进工作面供风，不得使用 1 台局部通风机同时向 2 个作业的掘进工作面供风。

（4）备用局部通风机规定

高瓦斯矿井、煤（岩）与瓦斯（二氧化碳）突出矿井、低瓦斯矿井中高瓦斯区的煤巷、半煤岩基和有瓦斯涌出的岩巷掘进工作面必须安装备用局部通风机。为了确保掘进工作面备用局部通风机真正发挥作用，必须遵守以下 3 点规定。

1）自动切换。备用局部通风机能够及时自动切换。当正常工作的局部通风机发生故障时，备用局部通风机能自动启动，保证掘进工作面及时正常通风。自动切换功能可以避免人的因素影响，及时性更有保障。

2）不同电源。掘进工作面备用局部通风机电源必须取自同时带电的另一电源，即与正常工作的局部通风机供电来自两个不同的电源。这样，无论局部通风机本身出现故障，还是供电线路发生问题，备用局部通风机均能起到"备用"的作用，从而提高对掘进工作面供风的可靠性。

3）同等能力。为了保证对掘进工作面稳定、可靠、足量地供风，掘进工作面正常工作的局部通风机必须配备同等能力的备用局部通风机。如果备用局部通风机能力较低，将不能满足掘进工作面的用风需求；如果备用局部通风机能力较强，又会出现经济效益不佳的情况。

（5）局部通风机供电规定

1）正常工作的局部通风机供电

①正常工作的局部通风机供电必须采用"三专"，即专用开关、专用电缆和专用变压器。

②专用变压器最多可向 4 套不同掘进工作面的局部通风机供电。

2）瓦斯矿井局部通风机供电

①瓦斯矿井掘进工作面和通风地点正常工作的局部通风机可不配备安装备用局部通风机，但正常工作的局部通风机必须采用"三专"供电。

②正常工作的局部通风机配备安装一台同等能力的备用局部通风机，并能自动切换。

③正常工作的局部通风机和备用局部通风机的电源必须取自同时带电的不同母线段的相互独立的电源。

3）局部通风机风电闭锁

①使用局部通风机供风的地点必须实行风电闭锁，保证当

正常工作的局部通风机停止运转或停风后能切断停风区内全部非本质安全型电气设备的电源。

②正常工作的局部通风机故障，切换到备用局部通风机工作时，该局部通风机通风范围内应停止工作，排除故障；待故障排除，恢复到正常工作状态的局部通风机方可恢复工作。

③使用两台局部通风机同时供风的，两台局部通风机都必须同时实现风电闭锁。

④每10天至少进行一次甲烷风电闭锁，每天应进行一次正常工作的局部通风机与备用局部通风机自动切换试验，试验期间不得影响局部通风，试验记录要存档备查。

二、矿井瓦斯防治

1. 瓦斯概述

广义上讲，矿井瓦斯是矿井所有有毒、有害气体的总称。由于其中沼气的含量占80％以上，习惯上又把沼气叫做瓦斯。在有的场合，沼气也叫做甲烷，化学式为 CH_4。

瓦斯是在成煤过程中形成的。由于植物中的氢、氧元素的分解逸出并不完全，有一部分没有散失到大气中的碳氢化合物，也就是以甲烷为主的各种可燃气体就形成了煤矿瓦斯，积聚于透气性较差的煤层或岩层缝隙中，当受到采掘活动影响，它们便逸散在煤矿井巷中。

瓦斯是煤矿五大自然灾害之首。瓦斯事故是煤矿安全的

"第一杀手"。无论是事故次数和死亡人数都占相当大的比例。2002—2012年期间全国煤矿发生特别重大瓦斯事故44起、死亡2 758人，分别占同期特别重大事故总起数的72.1％和死亡人数的79.6％。

【事故实例】 2013年5月11日，四川省泸州市泸县桃子沟煤业有限公司采煤作业点区域处于无风微风状态，瓦斯积聚达到爆炸浓度；爆破后，残药燃烧，发生重大瓦斯爆炸事故，造成28人死亡、18人受伤（其中8人重伤），直接经济损失3 747万元。

2. 瓦斯的性质及其危害

（1）瓦斯是一种无色、无味、无臭的气体，隐蔽性很强，人体器官不能发现其存在，必须依靠检测仪器仪表，同时要求检测仪器仪表准确、灵敏、可靠。

（2）瓦斯本身无毒，但空气中瓦斯浓度增加，氧气含量就会相应减少，会使人因缺氧而窒息。

（3）瓦斯在一定条件下，会发生燃烧、爆炸。爆炸产生的冲击波，能造成人员伤亡、巷道和设备损坏；爆炸形成的高温会烧伤、烧死人员，烧毁设备、材料和煤炭资源；爆炸产生的大量有毒气体，会使大批人员窒息、中毒，甚至死亡；爆炸时扬起大量积尘，使之参与爆炸，后果更加严重。

（4）瓦斯的扩散性极强，是空气的1.6倍，一旦瓦斯涌出，便能扩散开来，迅速在大范围内对人体造成危害并对安全构成威胁。

（5）瓦斯的相对密度约为 0.554，为空气的一半，所以经常积聚在巷道空间上部，特别是巷道冒顶空洞、采煤工作面上隅角和采空区高冒处积聚的瓦斯浓度易达到爆炸极限，但不容易被检测出来，而且处理也比较困难。

（6）瓦斯的渗透性极强，在一定瓦斯压力和地压的共同作用下，瓦斯能从煤岩中向采掘空间涌出，甚至喷出或突出，已封闭采空区内的瓦斯也能源源不断地渗透到矿井巷道内，造成瓦斯灾害。

3.瓦斯涌出

(1)瓦斯涌出形式

1)普通涌出。普通涌出是指瓦斯从采落煤(岩)层的微小孔隙中长时间、均匀地放出。它是矿井瓦斯涌出的主要形式。

2)特殊涌出。特殊涌出包括喷出和突出。在短时间内,大量处于高压状态的瓦斯,从采掘工作面的煤岩裂隙中突然涌出的现象称为喷出;如在突然喷出的同时,伴随有大量的煤(岩)抛出,并有强大的机械效应,则称为煤(岩)与瓦斯突出。

(2)瓦斯涌出量

1)绝对涌出量。绝对涌出量是指单位时间内涌出的瓦斯数量的总和。它的单位是 m^3/min 或 m^3/d。

2)相对涌出量。相对涌出量是指矿井在正常生产情况下,平均每采 1 t 煤所涌出的瓦斯数量的总和。它的单位是 m^3/t。

4.矿井瓦斯等级

(1)矿井瓦斯分级的目的和方法

按照矿井瓦斯涌出量的大小及其危险程度,将矿井瓦斯分为不同的等级,其主要目的是做到区别对待,采取有针对性的技术措施与装备,对矿井瓦斯进行有效的管理与防治,创造良好的作业环境,为安全生产提供保障。

1)矿井瓦斯等级鉴定应当以独立生产系统的自然井为单

位，有多个自然井的煤矿应当按照自然井分别鉴定。

2）矿井瓦斯等级应当依据实际测定的瓦斯涌出量、瓦斯涌出形式以及实际发生的瓦斯动力现象、实测的突出危险性参数等确定。

（2）矿井瓦斯等级划分

矿井瓦斯等级是指根据矿井的瓦斯涌出量和涌出形式等所划分的矿井瓦斯危险程度等级。

1）煤（岩）与瓦斯（二氧化碳）突出矿井（以下简称突出矿井）。突出煤（岩）层是指在矿井井田范围内发生过煤（岩）与瓦斯（二氧化碳）突出的煤（岩）层或者经过鉴定为有突出危险的煤层。煤（岩）与瓦斯（二氧化碳）突出矿井是指在矿井开拓、生产范围内有突出煤（岩）层的矿井。

具备下列情形之一的矿井为突出矿井：

①发生过煤（岩）与瓦斯（二氧化碳）突出的。

②经鉴定具有煤（岩）与瓦斯（二氧化碳）突出煤（岩）层的。

③依照有关规定应按照突出管理的煤层，但在规定期限内未完成突出危险性鉴定的。

2）高瓦斯矿井。具备下列情形之一的矿井为高瓦斯矿井：

①矿井相对瓦斯涌出量大于 10 m^3/t。

②矿井绝对瓦斯涌出量大于 40 m^3/min。

③矿井任一掘进工作面绝对瓦斯涌出量大于 3 m³ /min。

④矿井任一采煤工作面绝对瓦斯涌出量大于 5 m³ /min。

3）瓦斯矿井

同时满足下列条件的矿井为瓦斯矿井：

①矿井相对瓦斯涌出量小于或等于 10 m³ /t。

②矿井绝对瓦斯涌出量小于或等于 40 m³ /min。

③矿井各掘进工作面绝对瓦斯涌出量均小于或等于 3 m³ /min。

④矿井各采煤工作面绝对瓦斯涌出量均小于或等于 5 m³ /min。

5. 瓦斯爆炸的条件和危害

（1）瓦斯爆炸的条件

瓦斯爆炸必须同时具备以下 3 个条件，缺一不可。

1）瓦斯爆炸浓度。瓦斯爆炸浓度为 5%～16%，当浓度达 9.5%时，爆炸威力最强。但并不是固定不变的，如果有其他可燃气体和粉尘混入，或者混合气体的压力和温度升高，都会使瓦斯爆炸浓度界限扩大。

2）引爆温度。在一般情况下，瓦斯引爆温度为 650～750℃。如明火、煤炭自燃、电气火花、吸烟、撞击和摩擦火花等都能引爆瓦斯。

3）足够的氧气。瓦斯爆炸时氧气含量必须达到 12%以上。

（2）瓦斯爆炸的危害

1）产生高温。瓦斯爆炸产生的高温，可达 2 150～2 650℃。这样的高温会烧伤、烧死井下人员，烧毁设备和煤炭资源。

2）产生高压。瓦斯爆炸产生的高压，形成强大冲击波，造成人员伤亡、巷道和机械设备遭到破坏，扬起大量积尘，并使之参与爆炸。

3）生成大量有害气体。瓦斯爆炸后的空气成分发生变化，氧含量下降到 6%～8%，二氧化碳增加到 4%～8%，特别是一氧化碳高达 2%～4%，会造成大批人员因窒息而死亡。

6. 煤与瓦斯突出预兆和综合防突措施

【事故实例】 2011 年 11 月 10 日，云南省曲靖市师宗县私庄煤矿 1747 掘进工作面，在揭穿煤层前，未实施"两个四位一体"综合防突措施，只采取工作面瓦斯抽放等局部防突措施且未落实到位，在未消除突出危险的情况下，作业人员违规使用风镐作业时诱发了煤与瓦斯突出，造成43人死亡，直接经济损失3 970万元。

(1) 煤与瓦斯突出预兆

当井下作业现场发生以下煤与瓦斯突出预兆时，作业人员必须立即撤离现场，佩戴好自救器，迅速撤离到安全地点。

1) 有声预兆

①煤炮（指的是深部岩层或煤层的劈裂声）响声。

②支架变形，如支柱、顶梁折断或位移的声音。

③煤（岩）开裂、片帮或掉矸、底鼓发出的响声。

④瓦斯涌出异常，打钻喷瓦斯、喷煤，出现响声、风声和蜂鸣声。

⑤气体穿过含水裂隙的嘶嘶声。

2) 无声预兆

①煤层结构变化、层理紊乱、煤层变软、煤层厚度变大、倾角变陡、煤层由湿变干、光泽暗淡。

②煤层构造变化、挤压褶曲、波状起伏、顶底板阶梯凸起、出现新断层。

③瓦斯涌出量变化、瓦斯浓度忽大忽小、煤尘增大、气温变冷、气味异常。

(2) "四位一体"综合防突措施

区域性和局部性两个"四位一体"综合防突措施如下：

1）突出危险性预测。

2）防治突出措施。

3）防治突出措施的效果检验。

4）安全防护措施。

7. 煤矿瓦斯治理方针和预防爆炸措施

（1）煤矿瓦斯治理的十六字方针

1）先抽后采。先抽后采是利用一切可利用的条件和一切能够采用的技术手段，将煤层瓦斯预抽到有关规定的指标以下后，再进行煤炭开采。

2）以风定产。矿井通风是有效遏制瓦斯事故的重要途径。以风定产是指按照《煤矿通风能力核定办法（试行）》每年进行一次矿井通风能力核定工作，根据核定的矿井通风能力，科学合理地组织生产，严禁超通风能力进行生产。

3）监测监控。监测监控是采用瓦斯检测、控制仪器和装备，及时掌握瓦斯涌出异常情况，并加以断电控制。监测监控的目的就是预防发生瓦斯超限和积聚等隐患，从而控制瓦斯事故。

4）瓦斯治理。瓦斯治理是建立健全煤矿瓦斯重大安全隐患排查、治理和报告制度，落实煤矿企业瓦斯治理的主体责任，做到治理项目、资金、责任和进度四落实，建立隐患分级监控制度，务求在治理瓦斯隐患、防范重特大瓦斯事故上见实效。

（2）预防瓦斯爆炸措施

1）防止瓦斯积聚。防止瓦斯积聚主要措施有以下几方面。

①加强通风。矿井通风是防止瓦斯积聚的基本措施，只有做到供风稳定、连续、有效，才能保证及时冲淡和排除瓦斯。局部通风机不得无计划停电、停风，风筒不得破损、脱节，禁止微风和无风作业。

②加强检查。一定要按规定的次数检查采掘工作面瓦斯和二氧化碳浓度。低瓦斯矿井中每班至少检查2次；高瓦斯矿井中每班至少检查3次；煤（岩）与瓦斯突出危险的采掘工作面、有瓦斯喷出危险的采掘工作面和瓦斯涌出量较大、变化异常的采掘工作面，必须有专人经常检查，并安设甲烷断电仪。

③及时处理局部积聚的瓦斯。采煤工作面上隅角、顶板冒落空洞内和局部通风机送风达不到或不够量的掘进工作面等处容易积聚瓦斯。一旦发现，必须立即处理。

④抽放瓦斯。瓦斯涌出量大，采用通风方法解决瓦斯问题不合理时，应预先采取抽放措施，把开采时的瓦斯涌出量降下来，以便安全生产。

2）杜绝引爆火源。对生产中可能产生的引爆火源，必须严加管理和控制。严禁携带烟草和火种下井，井下禁止使用灯泡和电炉取暖，不得从事井下焊接作业，不准穿化纤衣服下井，电气设备做到完好和防爆。

3) 防止瓦斯事故扩大。一旦井下某地点发生瓦斯爆炸，应该把其限制在尽可能小的范围内，以使损失降到最低限度。具体措施主要有分区通风和设置防、隔爆设施。目前防、隔爆设施主要使用岩粉棚、隔爆水袋和撒布岩粉 3 种。

三、矿尘防治

矿尘（又叫粉尘）是矿井在生产过程中所产生的各种矿物细微颗粒的总称。悬浮于空气中的矿尘叫浮尘，沉落下来的矿尘叫落尘。

1. 矿尘的产生

产生矿尘的地点和工序主要有以下几方面。

（1）采掘工作面割煤、钻眼、爆破、装载、推移液压支架和回柱放顶、放顶煤开采的放煤口、锚喷支护。

（2）井下煤仓放煤口、溜煤眼放煤口、转载机转载点、破碎机。

（3）输送机转载点和卸载点、装煤点、煤炭运输大巷。

2. 矿尘的危害

（1）对人体健康的危害

工人长期在有矿尘的环境中作业，吸入大量的矿尘，轻者会引起呼吸道炎症，重者会导致尘肺病，严重地影响人体的健康和寿命。

（2）煤尘爆炸

具有爆炸性的煤尘，在一定条件下能引起爆炸，造成人员伤亡、设备破坏，甚至毁坏整个矿井。

(3) 污染劳动环境

井下作业现场矿尘浓度过高，不仅影响劳动效率，而且会遮挡作业人员的视线，影响操作，不能及时发现事故隐患，容易发生人身事故，对安全生产不利。

3. 煤尘爆炸

【事故实例】 2003 年 10 月 21 日，内蒙古乌海市海勃湾区骆驼山煤矿在维护竖井井底车场内溜煤眼放煤口附近的支护过程中，在未采取任何安全措施的情况下，违章放明炮（间断放了 3 炮），因该处煤尘较大，爆破前未进行洒水灭尘，爆破造成煤尘飞扬，明炮火焰导致发生一起煤尘爆炸事故，死亡 6 人，重伤 1 人。

(1) 煤尘爆炸的条件

煤尘爆炸必须同时具备以下 3 个条件，缺一不可。

1) 具有爆炸性的悬浮煤尘浓度在爆炸极限范围内。煤尘有的具有爆炸性，有的不具有爆炸性。一般认为煤的挥发分大于 10% 时，基本上属于爆炸性煤尘。具有爆炸性的煤尘只有在空气中呈悬浮状态，并且浓度在爆炸极限范围内（一般下限浓度为 30～50 g/m³，上限浓度为 1 000～2 000 g/m³）才能发生爆炸。爆炸力最强的煤尘浓度为 300～400 g/m³。

2) 引爆温度。煤尘引爆温度因煤尘性质及所处条件不同，变化较大。在正常情况下，煤尘爆炸的引爆温度为 610～1 050℃，一般为 700～800℃。

3）空气中氧浓度大于 18%。但必须注意，空气中氧浓度即使减至 18% 以下，并不能完全防止瓦斯与煤尘在空气中的混合物爆炸。

（2）煤尘爆炸的危害

煤尘爆炸的危害与瓦斯爆炸相同，只是程度不一样。主要表现在以下 3 个方面。

1）产生高温。煤尘爆炸产生的气体温度高达 2 300～2 500℃，爆炸火焰最大传播速度为 1 120～1 800 m/s。

2）产生高压。煤尘爆炸的理论压力为 735.5 kPa。高压产生巨大冲击波（正向冲击和反向冲击），冲击波速度为 2 340 m/s。

3）形成大量有害气体。煤尘爆炸后产生大量的二氧化碳和一氧化碳，一氧化碳浓度一般为 2%～3%，局部可高达 8%。这是造成人员大量伤亡的主要原因。

（3）预防煤尘爆炸措施

1）降低煤尘浓度措施。生产过程中减少煤尘产生量和避免煤尘悬浮飞扬，是防止煤尘爆炸的根本措施。

①掘进巷道必须采取湿式钻眼、冲洗顶帮、水炮泥、爆破喷雾、装煤洒水和净化风流。

②采煤工作面应采取煤层注水。回风巷应安设风流净化水幕。

③炮采工作面应采取湿式钻眼、水炮泥、冲洗煤壁、爆破喷雾、洒水装煤。

④采煤机和掘进机必须安装内、外喷雾装置，截割煤层时必须喷雾降尘，无水时停机。

⑤液压支架和放顶煤采煤工作面的放煤口，必须安装喷雾装置，降柱、移架或放煤时同时喷雾。

⑥破碎机必须安装防尘罩和喷雾装置或除尘器。

⑦井下煤仓放煤口、溜煤眼放煤口、输送机转载点和卸载点都必须安装喷雾装置或除尘器，作业时进行喷雾降尘或用除尘器除尘。

⑧井下所有煤仓和溜煤眼都应保持一定的存煤，不得放空；溜煤眼不得兼作风眼使用。

⑨必须及时排除矿井巷道中的浮煤，清扫或冲洗沉积煤尘，定期撒布岩粉并在主要大巷刷浆。

⑩确定合理的风速，有效地稀释和排除浮煤，防止过量落尘。

2) 杜绝引爆火源措施。同预防瓦斯引爆火源措施。

3) 防止爆炸事故扩大的措施。爆炸事故发生后，产生的冲击波的传播速度远大于火焰的传播速度，当冲击波将巷道落尘扬起时，高温火焰接踵而至，就会引发第二次煤尘爆炸。为了控制爆炸波及的范围和防止发生第二次、第三次甚至更多次连续爆炸，《煤矿安全规程》规定，必须安设隔绝煤尘爆炸的设施。这些设施主要包括以下 3 种。

①隔爆水棚。隔爆水棚是指安设有隔爆水袋和隔爆水槽的支架。当爆炸冲击波摧翻隔爆水棚的水袋或水槽后，将水变为水幕，爆炸的高温将水汽化为气幕，吸收大量热量，致使爆炸火焰熄灭而不至于扩展蔓延。隔爆水棚分为水袋棚和水槽棚，它们的使用范围和安设方法有所不同，使用时必须注意。

②隔爆岩粉棚。缺水、湿度小的矿井可选用岩粉棚进行隔爆。岩粉在爆炸冲击波作用下，从翻转的木板上散落下来，形成岩粉云带，将滞后的火焰扑灭，达到隔绝连续爆炸的目的。

③自动式隔爆棚。自动式隔爆棚是近年来许多国家采用的一种新型隔爆设施，对抑制爆炸具有很好的效果。自动式隔爆棚是利用传感器测量爆炸时的各种参数，并准确计算火焰传播速度，选择恰当的时间，喷射出消火剂而阻隔爆炸。

目前，我国煤矿大多采用隔爆水袋。

四、井下防灭火

矿井火灾指的是发生在矿井井下各处的火灾，以及发生在井口附近的地面火灾。它包括外因火灾（如电气、烧焊、吸烟、摩擦等引发的火灾）和内因火灾（煤炭自然发火）。据统计，我国矿井火灾中内因火灾占 90% 左右。

矿井火灾是煤矿五大自然灾害之一。

【事故实例】 2010 年 3 月 15 日 20 时 30 分左右，河南省郑州市新密市东兴煤业有限公司，西大巷第一联络巷处盘放在巷道内的电缆着火，火势迅速扩大，引燃巷道木支架及煤层，产生大量一氧化碳等有毒有害气体，并沿进风流进入采煤工作面，造成25人中毒窒息死亡。

1. 矿井火灾的危害

（1）矿井火灾不仅烧毁设备和煤炭资源，有时还需要封闭火区，导致一些设备长期被封闭在火区而损坏，大量煤炭资源呆滞，许多巷道停用，影响矿井正常生产。

（2）火灾形成的高温火焰会灼伤或烧死人员；产生大量的有毒气体，如一氧化碳、二氧化碳等，由于井下空间所限，很难冲淡和排除掉，蔓延时间长、波及范围大、受害面广，在高温气流所经过的巷道中，还会造成人员中毒、窒息，甚至死亡。

（3）为瓦斯、煤尘爆炸提供了热源，引起瓦斯、煤尘爆炸后果更加惨重。

（4）发生在井下倾斜巷道内的火灾，可能产生火风压，一方面使矿井总风量发生变化，另一方面还使局部地区出现风流逆转，扩大灾害范围，增加事故损失和灭火救灾工作的困难。

（5）由于井下条件限制，井下火灾，特别是内因火灾，很难及时发现，发现了也不易找到准确火源位置，找到了有时也难以控制，所以火灾延续时间长，难以扑灭。同时，因为井下空间狭小、人员难以躲避、机电设备难以转移，给灭火救灾工作造成困难和危险。

2.外因火灾的主要预防措施

（1）井下严禁吸烟和使用明火。

（2）井下不准存放汽油、煤油和变压器油。

（3）井下严禁使用灯泡和电炉取暖。

（4）使用合格的安全炸药，禁止放明炮、糊炮，炮眼必须充填合格的炮泥。

（5）加强机电设备检修，使用合格电缆，保证电气设备防爆和完好。

（6）井下和井口附近进行电焊、气焊和喷灯焊接时，必须采取严格的安全防范措施。

3.内因火灾的早期识别和预报

煤的自燃有一定发展过程和规律，人可以通过直观感觉及早发现。其主要特征有以下几点。

（1）巷道中温度升高、湿度增加、出现雾气、在巷道两帮和支架上"挂汗"。

（2）出现煤油味、汽油味、松节油味或焦煤气味，这是自然发火最明显的征兆，它说明煤炭自燃已到相当程度。

（3）从煤炭自燃区流出的水和空气温度比平常明显升高，煤壁温度骤增。

（4）由于煤炭自燃时氧含量减小，二氧化碳和一氧化碳含量增加，致使作业人员出现头痛、闷热、精神疲乏、四肢无力等不舒服的现象。

但是，人体直观感觉受到很多条件限制，所以必须经常采取井下空气试样，在实验室进行化验分析，根据空气成分的变化来识别煤炭是否自燃，可以对煤的自燃进行早期预报。这是最可靠的一种手段。

4. 井下直接灭火方法

矿井火灾发生初期，一般火势不大，人员可以接近火源，火灾容易被扑灭。假如人员见火逃跑，贻误灭火良机，一旦火势蔓延起来，再灭火就困难了，甚至会造成重大火灾事故。所以，任何人发现井下火灾时，应视火灾性质、灾区通风和瓦斯情况，立即采取一切可能的方法直接灭火，控制火势，并迅速报告矿调度室。当采取直接灭火难以控制火势时，必须采取其他间接灭火措施或封闭火区。

井下直接灭火主要有以下几种方法。

(1) 直接挖出火源

1) 火源范围小，且能直接到达。

2) 可燃物温度已降至 70℃ 以下，且无复燃或引燃其他物质的危险。

3) 无瓦斯或火灾气体爆炸的危险。

4) 风流稳定，无一氧化碳等中毒危险。

5) 挖出的炽热物，应混以惰性物质以防复燃。

(2) 用水直接灭火

用水灭火操作方便，灭火迅速、彻底，所需费用少。

1）应先从火源外围逐渐向火源中心喷射水流，以免产生大量水蒸气和灼热的煤渣飞溅，伤害灭火人员。

2）应有足够水量，以防止水在高温作用下分解成氢气和一氧化碳，形成爆炸性混合气体。

3）应保持正常通风，以使高温烟气和水蒸气直接导入回风流中。

4）用水扑灭电气设备火灾时，应先切断电源。

5）因为水比油重，故不宜用水扑灭油类火灾。

6）要经常检查火区附近的瓦斯浓度。

7）灭火人员只准站在进风侧，不准站在回风侧，以防高温烟流伤人或使人中毒。

（3）用沙子或岩粉直接灭火

用沙子或岩粉直接掩盖火源，将燃烧物与空气隔绝，使火熄灭。此外，沙子和岩粉不导电，并能吸收液体物质，因此，可以用来扑灭油类或电气火灾。

但是，当炸药发生燃烧现象时，千万不能用沙子或岩粉直接掩盖炸药，否则，由于内部压力剧增，燃烧将迅速转变为爆炸。

（4）干粉、泡沫灭火

干粉灭火就是粉末在高温作用下，发生一系列的吸热分解反应，将火灾扑灭。它对初起的外因火灾有良好的灭火效果。

灭火泡沫有空气机械泡沫和化学泡沫。高倍泡沫灭火的作用实质是增大了用水灭火的有效性，大量的泡沫被送往火源地点起着覆盖燃烧物隔绝空气的作用。此外，水蒸气还能降温、稀释氧浓度，具有抑制燃烧、熄灭火源的作用。这种方法灭火速度快、效果好，可以远距离操作，从而保证灭火人员安全，灭火后恢复工作也较简单，而且成本低、水耗少、无毒无腐蚀性，因此应用比较广泛。

使用干粉灭火器时，要一手握住喷嘴胶管，另一手打开阀门，将干粉喷射到燃烧物上。为防止堵塞，应首先将灭火器上下颠倒数次，使药粉松动。

第二节　顶板事故预防基础知识

顶板事故指的是在井下建设和生产过程中，因为顶板意外冒落造成的人员伤亡、设备损坏和生产中止等事故。

煤矿顶板事故虽然零敲碎打的情况较多，但累计起来总数却是惊人的。一是发生频率高，约占全国煤矿事故总起数的50%；二是累计死亡人数多，约占全国煤矿事故累计死亡人数的40%。所以，顶板事故是煤矿五大自然灾害之一。

一、采煤工作面顶板事故预防

按照发生冒顶事故的原因分析，可将采煤工作面顶板灾害分为坚硬顶板压垮型冒顶、复合顶板推垮型冒顶、破碎顶板漏垮型冒顶三大类，它们的防治措施也不相同。

1. 采煤工作面支架的基本性能

（1）支架对顶板支得起

所谓支得起，就是要求支架在其工作全过程都能够支撑住顶板所施加的压力，这里包括支撑力和可缩量两方面。

如果支架支撑力不够，支撑不了顶板压力而被损坏，就无法再支撑顶板。如果可缩量不够，适应不了顶板下沉而被损坏，也无法再支撑顶板。

（2）支架对顶板稳得住

所谓稳得住，就是要求支架具有抵抗来自层面方向推力的能力，一旦顶板要沿层面方向运动或旋转，支架能抵抗得住，不至于被推垮。有以下3种稳得住的方法。

1）支架结构本身是稳定的。

2）用初撑力大的支柱。

3）按推垮型冒顶所需支护的初撑力校验支架的排距和柱距。

（3）支架对顶板护得好

直接顶内可能存在着各种原生裂隙、构造裂隙和采动裂隙。所以，对顶板既要支又要护。所谓护得好，有两方面含义。

1）要求采煤工作面支架能够控制住工作空间的顶板，使其一点都不冒落。

2）应保证回柱工人在有支护的地点进行工作。既护顶又护人，两者缺一不可。

2. 坚硬顶板压垮型冒顶

坚硬难冒顶板指的是直接顶岩层比较完整、坚硬（固），回柱或移架后不能立即垮落的顶板。一般为砂岩、砾岩和石灰岩。

坚硬难冒顶板采煤工作面顶板来压时强度大，造成单体支柱折断、液压支架工作面来压强度比单体支柱工作面还要大，常出现支柱活柱变形、弯曲裂开、缸体胀裂和底座变形等，严重时可使高吨位液压支架缸体发生爆炸。

坚硬顶板压垮型冒顶指的是采空区内大面积悬露的坚硬顶板在短时间内突然塌落，将工作面压垮而造成的大型顶板事故。

【事故实例】 山西省大同矿务局挖金湾矿青羊湾井 14 层煤 404 盘区 832 采煤工作面，采用房柱式开采。

1961 年 10 月 22 日 11 时，回收房间煤柱工作时，顶板响动遍及整个盘区，响声异常，工人撤出盘区，半小时后大面积顶板突然冒落。

造成地面塌陷面积 12.8 万 m^2，深达 1 m。地表对应采区出现 7 条宽 0.2～0.5 m、长 102～360 m 的大裂缝。顶板冒落时产生巨大暴风，造成 18 人死亡、1 人重伤、18 人轻伤；摧毁密闭 9 座、风桥 2 座、支架 90 多架及井下变电所墙。巷道高度由 4 m 变为 2 m，煤壁片帮使巷道宽度增大为 6～7 m。碎煤将皮带全部埋住，全井通风运输系统严重破坏，被迫停产 16 天，影响产量约 8 000 t。

（1）坚硬难冒顶板冒顶的预兆

1）工作面煤壁片帮或刀柱煤柱炸裂，并伴有明显的响声。"煤炮"增多，工作面和顺槽都出现"煤炮"，甚至每隔 5～6 min 就响一次。

2）由于煤体内支撑压力的作用，煤层中的炮眼变形，打完眼不能装药，甚至连煤钻杆都不能拔出。

3）可听到顶板折断发出的闷雷声。发出声响的位置由远及近，由低到高，地音仪收到的岩石开裂声频显著增加。

4）顶板下沉急剧加速。顶板和采空区有明显的台阶状断裂、下沉和回转，垮落岩块呈长条状。

5）顶板有时出现裂隙和淋水，局部地鼓，断层处滴水增大，有时钻孔水混有岩粉。

6）来压时支架压力剧增，支载系数可达 3.0 倍以上，且液压支架后柱阻力远大于前柱阻力，常伴有指向煤壁的水平拉力。

7）微震仪记录有较多的岩体破裂与滑移的波形，也可记录到小的顶板冒落。

（2）坚硬难冒顶板事故预防方法

预防坚硬难冒顶板事故主要方法是提前强制炸落顶板和采取注水等措施软化坚硬顶板。

1) 提前强制炸落顶板

①地面深孔炸落放顶。在采空区悬顶区上方相对应的地面向地下打钻至采空区顶板，然后进行扩孔和大药量爆破，崩落悬顶区处顶板。

②刀柱采煤采空区强制放顶。在刀柱的一侧向采空区顶板打钻孔，钻孔沿垂直工作面方向布置。

③平行于工作面长钻孔强制放顶。在本采煤工作面前方未采动煤层上方顶板打平行工作面的长钻孔，煤层开采后在采空区内装药爆破；也有的在煤层采动前爆破，对煤层顶板进行预裂。

④垂直于工作面钻孔强制放顶。在采煤工作面垂直于工作面方向向采空区顶板钻眼爆破。

2) 灌注压力水处理坚硬难冒顶板

通过钻孔向顶板灌注压力水，能有效软化和压裂顶板，提高放顶效果。为了提高处理效果，有的灌注盐酸溶液。

①超前工作面预注水。在工作面采煤前，超前工作面一定距离进行顶板注水。

②分层注水。根据顶板组合情况，针对不同岩性和结构条件，分别进行单层或单层混合注水。

③采空区注水。采空区上方的顶板尚未冒落时，通过位于采空区上方的注水孔向顶板注水。

④工作面应力集中区注水。在注水孔预注水之后，当注水孔进入应力集中区时，再次向顶板注水。

3）其他安全技术措施

①合理选择支架类型。为了减少顶板的离层，降低顶板对支架的冲击力，应尽量选用高初撑力的液压支架，一般采用垛式液压支架，它具有支护强度高、切顶能力强、装有大流量安全阀等特点。

②控制采空区悬顶面积。作业规程中要明确规定正常采煤过程中允许的悬顶面积，超过规定时必须停止采煤作业，强制放顶。

③合理选择采煤方法。如果上部煤层采用刀柱采煤方法，则下部煤层尽可能采用全部垮落法处理采空区，以破坏上部煤层开采过程中遗留于采空区的煤柱，避免出现应力集中区。

④留设隔离煤柱。使用刀柱法采煤时，应留设较大尺寸的煤柱将采空区进行分离，使顶板发生大面积来压和冒顶时以大煤柱为界分隔开来，一般隔离煤柱不少于 15～20 m。

⑤设置专用暴风路线。在顶板冒落时产生暴风可能危及的区域，布置永久密闭墙、临时密闭及专用风道，以控制暴风流经路线，使暴风不得进入有人作业区域。

⑥预测预报。在顶板大面积来压和冒落以前，搞好预测预报，采取紧急有效措施，以确保作业人员的生命安全。

3. 复合顶板推垮型冒顶

复合顶板指的是由厚度为 0.5～2.0 m 的下部软岩及上部硬岩组成，且它们之间存有煤线或薄层软弱岩层的顶板。

复合顶板推垮型冒顶指的是采煤工作面由于位于顶板下部

岩层下沉，与上部岩层离层，支架处于失稳状态，遇外力作用倾倒而发生的顶板事故。

(1) 复合顶板推垮型冒顶的条件

复合顶板推垮型冒顶必须具备以下 5 方面条件。

1) 离层。由于支柱的初撑力小、刚度差，在顶板下位软岩自重作用下，支柱下缩或下沉，而顶板上位硬岩未下沉或下沉缓慢，从而导致软硬岩层不同步下沉而形成离层。

2) 断裂。由于裂隙的作用，顶板下位软岩形成一个六面体。此六面体上部与硬岩脱离，下部由单体支柱支撑，形成一个不稳定的结构。

3) 去路。当六面体出现一个自由空间，便有了去路，如果倾斜下方冒空，此去路更加畅通。

4) 推力。当六面体由于自重的作用向下推力大于岩层面摩擦阻力时，就会发生推垮型冒顶。

5) 诱发。当工作面爆破、割煤、调整支架或回柱放顶时，引起周围岩层震动，使六面体与断裂岩层面阻力变小，导致六面体下推力大于总阻力，诱发冒顶事故。

【事故实例】 2012 年 8 月 31 日 11 时 20 分，安徽省淮北圣火矿业有限公司吉山煤矿 6104 工作面单体液压支柱初撑力不足，设置的木垛间距超过规定，直接顶出现大面积离层、冒落下滑推垮支架，发生一起复合顶板推垮型冒顶事故，将现场冒险作业的 3 人埋压致死，直接经济损失 565.5 万元。

（2）复合顶板事故预防方法

预防复合顶板事故主要采取以下方法。

1）严禁仰斜开采。仰斜开采使顶板产生向采空区的下推力，顶板连同支架向采空区倾倒，形成了"出路"条件。

2）掘进采煤工作面下平巷禁止破坏顶板。顶板破坏后，六面体失去阻力，仅依靠岩层面摩擦阻力是难以控制六面体下推的。

3）工作面初采时禁止反向推进。开切眼的顶板由于时间较长已经离层断裂，在反向推进时由于初次放顶极易诱发原开切眼处冒顶。

4）提高支架的稳定性。使用拉钩式连接器将工作面支架上下连接起来；也可以加戗柱、斜撑抬板，以抵抗六面体的下推力。

5）增加单体支柱的初撑力和刚度。采煤工作面推广使用液压支架，可以增加支护的初撑力和稳定性，防止冒顶事故的发生。

4. 破碎顶板漏垮型冒顶

破碎顶板指的是顶板岩层强度低、节理裂隙十分发育、整体性差和自稳能力低，并在工作面控顶区范围内维护困难的顶板。

破碎顶板漏垮型冒顶指的是采煤工作面某个地点由于支护失效而发生局部漏冒，破碎顶板从该处开始沿工作面往上全部漏完，造成支架失稳而发生的顶板事故。

【事故实例】 河北省开滦嘉盛实业总公司采二区3228③面位于地质构造复杂顶板破碎区域。1997年7月4日6时50分，发生漏垮型冒顶事故，冒顶长度9.5 m×宽度3.6 m×高度 0.8 m，埋压 3 人当场救出，均受轻伤。处理好冒顶后，8 日夜班继续回柱放顶，当回到还差 11 根柱时，采面下部煤壁片帮、采空区掉矸子，5 时 30 分至 6 时撤出工作面人员。6 时 02 分见工作面已经稳定，返回工作面继续回柱放顶，又回了 6 根柱，6 时 25 分在该处发生第二次大面积冒顶事故，冒顶长度为 16.8 m，4 人全部被埋压，经抢救无效窒息死亡。

（1）破碎顶板冒顶的原因

1）破碎顶板允许暴露时间短、暴露面积少，常因采煤机割煤或放炮后，机（炮）道得不到及时支护而发生局部漏顶现象。

2）初次来压和周期来压期间，破碎顶板容易和上覆直接顶或坚硬老顶离层而垮落。

3）由于工作面压力加大，将支架间上方的背顶材料压折造成漏顶现象。

4）金属铰接顶梁与顶板摩擦阻力小，在顶板来压时容易被摧倒而发生冒顶。

5）在破碎顶板条件下，支柱的初撑力往往很低，容易造成早期下沉离层，自动倒柱或人员、设备碰撞倒柱，顶板丧失了支撑物而冒落。

（2）破碎顶板事故预防方法

预防破碎顶板事故主要有以下方法。

1）减小顶板暴露面积和缩短顶板暴露时间

①单体支柱采煤工作面

——及时挂梁或探板，及时打柱。

——顶板和煤壁插背严实。

——减小放炮对顶板的震动破坏。不放顶炮，底炮要稀且少装药，一次同时放炮的炮眼要少。

——在工序安排上，回柱放顶、放炮和割煤三大工序要相互错开 15 m 以上距离，以减少它们对顶板的叠加作用。

②综采工作面

——应选择并使用液压支架护帮板和伸缩梁。

——采用带压移压方法，防止顶板反复支撑变得更加破碎，甚至冒落。

——采用液压支架顶梁带板或超前架棚的方法支护顶板。

——铺金属顶网或塑料顶网，以防破碎顶板由架间冒落。

2）选择合理的开采方法

①尽量选择无煤柱开采，以避免残留煤柱的高应力集中。

②工作面初采时不能推采开切眼的另一侧煤柱。

③工作面要尽可能布置成俯斜方向，避免仰斜开采，掘进上下平巷时要避免挑顶。

④合理选择支护形式，尽量采用错梁直线柱形式，提高单体液压支柱的初撑力和初始工作阻力。

3）采用化学加固顶板技术

目前，国内外煤矿广泛应用化学加固技术控制破碎顶板和填充冒落空间。这种方法操作简单、效果显著，常在综采工作面推采中遇断层等破碎带时使用。

4）特殊条件下破碎顶板支护技术

采掘工作面推过断层、褶曲等地质构造带、采空区、老巷道和石门时，往往出现顶板破碎、倾角变化、煤层变软、淋水增大、压力加大等不良情况，必须针对具体条件制定专门的安全技术措施，确保不发生破碎顶板漏垮型冒顶事故。

二、掘进工作面顶板事故预防

掘进工作面顶板事故主要发生在掘进工作面迎头处，锚杆支护处，巷道维修、更换支架处，巷道交叉处和地质变化处。

1. 掘进工作面迎头处顶板事故预防

由于掘进工作面迎头支架架设时间短、初撑力小、容易被放炮崩倒，人员经常在未支架地方进行作业，同时受到地质构造变化影响，所以，掘进工作面迎头是冒顶多发部位。

（1）根据掘进工作面顶板岩性，严格控制空顶距，坚持使用超前支护，严禁空顶作业。

（2）严格执行敲帮问顶制度。

（3）支架间应设牢固的撑木或拉杆。支架与顶帮之间的空隙必须插严背实。

（4）支架必须架设牢固。可缩性金属支架应使用力矩扳手拧紧卡缆。

（5）在掘进迎头往后 10 m 范围内，爆破前必须加固支架，必须待崩倒、崩坏的支架修复好后，人员方可进入工作面作业。

（6）合理布置炮眼和装药量，以防崩倒支架或崩冒顶板。

（7）在地质构造带顶板破碎、压力大处要适当缩小棚距，必要时还要加打中柱。

（8）采用锚杆支护形式时，要合理选择锚杆间、排距，科学选用锚杆支护材料和提高施工质量，以确保提高锚杆的锚固力。

（9）采用喷射混凝土支护形式时，要保证一次喷射厚度大于 50 mm。对于超过 100 mm 的喷射厚度应分层喷射，其间隔时间在 2 h 以上。

（10）在掘进过程中，遇到地质条件发生变化，必须根据具体情况制定专门的安全技术措施，确保不发生顶板灾害。

【事故实例】 2012 年 7 月 27 日 15 时 45 分，贵州省六盘水市水城县晋家冲煤矿巷道局部支护、背顶安全技术措施不完善，未严格按照安全技术措施组织施工，采用工字钢棚支护时接顶不严实，未打中间立柱，造成倒棚，发生顶板事故，造成4 人死亡。

当形成掘进空间后应及时对这个空间进行支护。

2. 锚杆支护煤巷冒顶机理及顶板事故预防

煤巷长度一般为500～2 000 m，地质条件复杂、多变、具有不确定性，存在众多未探明的小褶曲、断层和高应力区。然而设计时整条巷道仅使用一个确定的地质力学条件（地应力、岩层厚度及强度等），导致设计的针对性不强。

【事故实例】 2012年7月25日18时26分，位于贵州省黔西南州普安县境内的湖北宜化安利来煤矿11806综掘工作面，已掘长度516 m，支护方式为锚网加钢带，距迎头49 m处发生冒顶，造成5人被困。事故发生后，该矿隐瞒不报，自行组织抢救。7月26日14时15分，在距第一次冒顶处向外35 m处又发生第二次大面积冒顶，造成参与抢险救援的153人中的53人被困。7月26日14时25分，经群众举报，当地政府组织全力救援。至7月26日20时30分，第二次冒顶被困的53人全部成功救出。29日19时27分，第一次冒顶被困97小时的5名矿工也全部成功获救。这起事故抢险救援是十分成功的，但教训也十分深刻。

事故原因：安利来煤矿11806运输巷处于巷道应力集中区域，巷道支护设计不合理，施工质量不合格，现场管理不到位，顶板冒落，导致作业人员被困。

锚杆支护煤巷冒顶主要由15种原因引起。

（1）非稳定岩层变厚超过锚杆（索）长度。非稳定岩层有泥岩、砂质泥岩、泥质胶结的粉砂岩和煤层。

（2）稳定岩层变薄引起冒顶。

（3）顶板一定范围内出现软弱夹层引起冒顶。

（4）顶板出现小断层，因支护不当引起冒顶。

（5）巷道附近出现隐含小断层引起冒顶。

（6）岩层节理发育极易导致大规模的楔形冒落。

（7）围岩出现镶嵌型结构引起冒顶。

（8）高地应力引起冒顶。

（9）二次采动或未充分冒落的区域产生的挤压、压力过载等次生应力引起冒顶。

（10）地下水引起的冒顶。

（11）空气中的水分对顶板的软化引起冒顶。

（12）未及时支护引起冒顶。

（13）"三径匹配"不合理引起冒顶。

（14）偷工减料引起冒顶。

（15）锚固剂失效引起冒顶。

所以，及时探测岩层厚度及其位置的变化，发现劣化的岩层组合，进而修改设计，提高锚杆支护操作质量，采取有效措施加固顶板，是防治煤巷锚杆支护冒顶事故的最佳途径。

【事故实例】　2012 年 5 月 20 日，辽宁省沈阳焦煤有限责任公司清水二井煤矿，南二采区 07 工作面运输顺槽掘进时采用锚杆、锚索挂网喷浆支护，但锚索支护不及时。因遇到地质构造带顶板压力增大，原有支护方式强度不够，该矿决定采用架棚（架设 36U 形钢可缩支架）方式加强支护，但施工时未采取有效的安全技术措施，发生大面积冒顶，造成 12 人被困，其中 3 人获救、9 人死亡。

3. 巷道维修、更换支架处顶板事故预防

在进行巷道维修、更换支架时，必须注意做到"五先五后"，确保不发生冒顶事故。

（1）先外后里

先检查巷道维修、更换支架地点以外 5 m 范围内支架的完整性，有问题先处理。如巷道一段范围失修，坚持先维修外面的，再逐渐向里维修。

（2）先支后拆

更换巷道支架时，先进行临时支护或架设新支架，再拆除原有支架。

（3）先上后下

倾斜巷道维修、更换支架时，应该由失修范围的上端向下端依次进行，以防矸石、物料滚落和支架歪倒砸人。

（4）先近后远

一条巷道内有多处失修，必须先维修离安全出口较近的一处，再逐渐向前维修离安全出口远的一处，以避免维修时发生冒顶将人员堵在里面。

（5）先顶后帮

在维修、更换巷道支架时，必须注意先维护、支撑好顶板，再护好两帮的顺序，以确保维修人员的安全。

4. 巷道交叉处顶板事故预防

巷道交叉处控顶面积大、支护复杂、矿山压力集中，是预防巷道冒顶的重点部位。

（1）开岔口应尽可能避开原来巷道冒顶范围、废弃巷道和硐室。

（2）巷道交叉处必须采用安全可靠的支护形式和支护材料，保证其支护强度。

（3）必须在开口棚支设稳固后，再拆除原巷道棚腿。

（4）当开口处围岩尖角被压坏时，应及时采取加强抬棚稳定性措施。

（5）抬棚上顶空洞必须堵塞严实。空洞高度较大时必须码木垛接顶。在码木垛时，作业人员应站在安全地点并确保退路畅通，还应设专人观察顶帮的变化。

5. 地质变化处顶板事故预防

在地质变化处、层理裂隙发育区、压力异常区、分层开采下分层掘巷以及维修老巷等围岩松散破碎区容易发生巷道顶板冒顶事故。此类事故隐患比较明显，同时也最容易由较小的冒落迅速发展为较大面积高拱冒落。

（1）炮掘工作面采用对围岩震动较小的掏槽方法，控制装药量及放炮顺序。

（2）根据不同情况，采用超前支护、短段掘砌法、超前导硐法等少暴露破碎围岩的掘进和支护工艺，缩短围岩暴露时间，尽快将永久支护紧跟到迎头。

（3）围岩松散破碎地点掘进巷道时要缩小棚距，加强支架的稳固性。

（4）积极采用围岩固结及冒落空间充填新技术。对难以通过的破碎带，采用注浆固结或化学固结新技术。对难以用常规木料充填的冒落空洞，采用水泥骨料、化学发泡、金属网构件或气袋等充填新技术。

（5）分层开采时，回风顺槽及开切眼要放好顶网，坚持注水或注浆，提高再生顶板质量，避免出现网上空洞区。遇有网兜、网下沉、破网或网上空洞区，必须采取措施处理后再往前掘进。

（6）在斜巷及立眼维修时，必须架设安全操作平台，加固眼内支架，保证行人及煤矸溜放畅通。在老巷道利用旧棚子套改抬棚时，必须先打临时支柱或托棚。

三、冲击地压事故预防

冲击地压，又称岩爆，指的是井巷或工作面周围岩体，由于弹性变形能的瞬时释放而产生突然剧烈破坏的动力现象，常伴有煤岩体抛出、巨响及气浪等现象。它具有很大的破坏性，是煤矿重大灾害之一。

【事故实例】 2011 年 11 月 3 日，河南省义马煤业集团股份有限公司千秋煤矿 21221 下巷掘进工作面发生一起重大冲击地压事故，巷道发生严重的挤压垮冒，将正在该巷作业的矿工封堵或掩埋其中，造成 10 人死亡。

1. 冲击地压的预报

开采冲击地压煤层时，冲击危险程度和采取措施后的实际效率，可采用钻粉率指标法、地音法、微震法等方法确定。

（1）钻粉率指标法

钻粉率指标法又称为钻粉率指数法，或钻孔检验法。它是用小直径（42～45 mm）钻孔，根据打钻不同深度时排出的钻屑量及其变化规律来判断岩体内应力集中情况，鉴别发生冲击地压的倾向和位置。在钻进过程中，在规定的防范深度范围内，出现危险煤粉量测值或钻杆被卡死的现象，则认为具有冲击危险，应采取相应的解危措施。

（2）地音、微震监测法

岩石在压力作用下发生变形和开裂破坏过程中，必然以脉冲形式释放弹性能，产生应力波或声发射现象。这种声发射亦称为地音。显然，声发射信号的强弱反映了煤岩体破坏时的能量释放过程。由此可知，地音监测法的原理是：用微震仪或拾震器连续或间断地监测岩体的地音现象。根据测得的地音波或微震波的变化规律与正常波的对比，判断煤层或岩体发生冲击倾向度。

（3）工程地震探测法

用人工方法造成地震，探测这种地震波的传播速度，编制出波速与时间的关系图，波速增大段表示有较大的应力作用，结合地质和开采技术条件分析，判断发生冲击地压的倾向度。

（4）电磁辐射仪监测法

煤岩电磁辐射监测的原理是：利用电磁辐射仪接收采掘生产过程中煤岩体在矿压作用下产生、发射电磁辐射的信号，即监测到的电磁辐射强度能反映出煤岩体内部应力的变化尺度及破坏程度的特征信息。煤（岩）体受载变形破裂过程中向外辐射电磁能量的现象，与煤岩体的变形破裂过程密切相关，电磁辐射信息综合反映了冲击地压、煤与瓦斯突出等煤岩灾害动力现象的主要影响因素。电磁辐射强度主要反映了煤岩体的受载程度及变形破裂强度，脉冲数主要反映了煤岩体变形及破裂的频次。

2. 开采有冲击地压煤层时应注意的问题

（1）开采有冲击地压的煤层，必须编制设计方案，报集团公司、矿总工程师批准。

（2）开采有冲击地压危险煤层的工作人员，都必须接受有关防治冲击地压基本知识的教育培训，了解冲击地压发生的原因、条件和征兆以及应急措施，熟悉发生冲击地压时规定的撤人路线。

（3）每次发生冲击地压后，必须组织人员到现场进行调查，记录好发生前的征兆、发生经过、有关数据及其破坏情况，并制订恢复工作的防治措施，报矿务局（公司）、矿总工程师批准。

（4）有严重冲击地压煤层在开拓时，应在岩层或无冲击地压的煤层中掘进集中巷道。开采时，在采空区不得留有煤柱。永久硐室不得布置在有冲击地压的煤层中。

（5）开采煤层群时，首先开采无冲击地压或弱冲击地压煤层作为保护层，开采保护层后，在被保护层中确实受到保护的地区，可按无冲击地压煤层进行采掘工作。在未受保护的地区，必须采取放顶卸压、煤层注水、打卸压钻孔、超前爆破松动煤体或其他防治措施。

（6）开采有冲击地压煤层时，冲击危险程度和采取措施后的实际效果，都可采用钻屑法、地音法、微震法或其他方法确定。对有冲击地压危险的煤层，可根据预测预报等实际考察资料和积累的数据设计方案。划分煤层的冲击地压危险程度等级，以便按其等级制定冲击地压的综合防治措施。

（7）开采有冲击地压的煤层，应用垮落法控制顶板，并提高切顶支架的工作阻力，采空区中所有支柱必须回净。

（8）有冲击地压的煤层中，在1个或相邻的2个采区中，同一煤层的同一分阶段，在应力集中的影响范围内，不得布置2个工作面同时相向或向背回采。如果2个工作面相向掘进，在相距30 m时，必须停止其中一个掘进工作面，以免引起严重冲击危险。停产3天以上的采煤工作面，恢复生产的前一班，应鉴定冲击地压危险程度，以便采取安全措施。

（9）有严重冲击地压的煤层中，采掘工作面的爆破撤人距离和爆破后进入工作面的时间，必须在作业规程中明确规定。

第三节　井下透水防治基础知识

煤矿在建设和生产中，都会在井下出现渗水和漏水现象，在一般情况下，依靠预先安装好的水泵和管路就可以将这些水排到地面。但是发生透水灾害时，原排水能力不够，就会淹没矿井，致使人员伤亡，造成巨大的经济损失。所以，透水事故是煤矿五大自然灾害之一。

2002—2012 年，全国煤矿共发生特别重大透水事故 9 起、死亡 426 人，分别占同期特别重大事故总起数的 14.8% 和死亡人数的 12.3%。

【事故实例】　2010 年 3 月 1 日，神华集团乌海能源有限责任公司骆驼山煤矿发生特别重大透水事故，共造成 32 人死亡、7 人受伤，直接经济损失 4 853 万元。

事故的原因是：骆驼山煤矿 16 号煤层回风大巷掘进工作面遇煤层下方隐伏陷落柱，探放水措施不完善，防治水工作不到位；应急处置不当，贻误撤人时机；违法分包工程，施工组织混乱；现场施工管理不到位，技术力量薄弱；建设、施工等单位未严格执行三级安全培训制度，施工人员对隐患识别能力差、安全风险意识淡薄。在承压水和采动应力作用下，诱发该掘进工作面底板底鼓，承压水突破有限隔水带形成集中过水通道，导致奥陶系灰岩水从煤层底板涌出。

一、矿井水的来源

1. 地表水源

地表水源主要有降雨和下雪，以及地表上的江河、湖泊、沼泽、水库和洼地积水等。它们在一定条件下都可能通过各种通道进入矿井，形成透水事故，同时还可能成为地下水的补给水源。

2. 地下水源

（1）老窑水。废弃的小煤窑、旧井巷和采空区的积水叫做老窑水。老窑水一般静压大，积水多时，常带出大量有害气体，危害性很大。

（2）含水层水。煤系地层中的流沙层、砂岩层、砾岩层等，有丰富的裂隙可以积存水。

（3）断层水。断层面上往往形成松散的破碎带，具有裂隙和孔洞，里面常有积水。

（4）岩溶陷落柱水。石灰岩层长期受地下水侵蚀，形成溶洞。由于重力作用和地壳运动，上部的煤（岩）失去平衡而垮落，使煤系地层形成陷落柱，柱内充填物常有积存水。

（5）钻孔水。在煤田地质勘探时打的钻孔，如果封闭不良，孔内常有积存水。

二、矿井透水的危害及防治原则

1. 矿井透水的危害

（1）透水时造成巷道被淹、矿井停产，严重时毁坏整个矿井。

（2）矿井透水后，躲避不及时会使现场人员被淹溺而死，或者将人员围困在井下，时间一长因缺少氧气和食品而出现死亡现象。

（3）矿井发生老空区透水，聚积在老空区内的瓦斯和硫化氢随之涌出。涌出的瓦斯若达到爆炸浓度，遇火源会发生瓦斯爆炸；人呼吸了剧毒的硫化氢，就会中毒死亡。

（4）为了预防透水，矿井必须留设防隔水煤柱，造成矿井回采率降低，严重地影响煤炭资源的开发利用或打乱正常采掘生产程序。

（5）矿井透水后要加大排水能力，将增加排水费用，提高开采成本；同时使地下水位大幅度下降，影响人民的正常生活。

（6）大量抽排矿井涌水，将破坏地表自然环境，甚至造成民房倒塌、农田塌陷、河流中断和交通破坏等。

2. 矿井透水预兆

发现以下透水预兆时，必须停止作业，采取措施，立即报告矿调度室，发出警报，撤出所有受水害威胁地点的人员。

（1）煤壁"挂红"。这是因为矿井水中含有铁的氧化物，渗透到采掘工作面呈暗红色水锈。

（2）煤壁"挂汗"。采掘工作面接近积水时，水由于压力渗透到采掘工作面，形成水珠，特别是新鲜切面潮湿明显。

（3）空气变冷。采掘工作面接近积水时，气温骤然降低，煤壁发凉，人一进去就有阴凉感觉，时间越长越明显。

（4）出现雾气。当巷道内温度较高，积水渗透到煤壁后，引起蒸发形成雾气。

（5）"嘶嘶"水叫。井下高压水向煤（岩）裂隙强烈挤压，两壁摩擦而发出"嘶嘶"水叫声，这种现象说明即将突水。

（6）底板鼓起。底板受承压水（或积水区）作用，产生鼓起、裂缝或出水等现象。

（7）水色发浑。断层水和冲积层水常出现淤泥、沙，水混浊，多为黄色。

（8）出现臭味。老窑水一般可闻到臭鸡蛋味，这是因为老窑水中有害气体增加所致。

（9）顶水加大。这是因为顶板裂隙加大，积水渗透到顶板上，使淋水增加。

（10）片帮冒顶。这是由于顶板受承压含水层（或积水区）作用的结果。

（11）在打钻时出现钻孔水量、水压加大，甚至出现顶钻或水从钻孔中喷出现象。

3. 煤矿防治水原则

《煤矿防治水规定》规定了以下煤矿防治水十六字原则。

"预测预报"，指的是查清矿井水文地质条件，对水害做出分析判断，在矿井透水以前发出预警预报。

"有疑必探"，指的是对可能构成水害威胁的区域、地点，采用钻探、物探、化探、连通试验等综合技术手段查明水害隐患。

"先探后掘"，指的是首先进行综合探查和排除水害威胁，确认巷道掘进前方没有水害隐患后再掘进施工。

"先治后采"，指的是根据查明的水害情况，采取有针对性的治理措施排除水害威胁后，再安排回采。

三、矿井水害预防措施

1. 地面水的预防措施

（1）防止井口灌水。井口位置标高必须位于当地历年洪水位以上，这样可以防止暴雨山洪发生时雨水直接灌入井下。

（2）防止地表渗水。井田范围内的河流等地表水，应尽可能将其改道，低洼地点的积水进行排干等，以消除对井田渗水的威胁。

（3）加强防洪工作。矿井应在雨季到来前对地面防水工程进行全面检查，发现问题及时解决，同时制定雨季防水措施，组织抢险队伍，储备足够的防洪物资。

（4）及时撤出人员。当发现暴雨洪水灾害严重，可能引发淹井紧急情况时，应当立即撤出作业人员到安全地点。经确认隐患完全消除后，方可恢复生产。

2. 井下水害预防措施

（1）掌握水情。观测各种地下水源的变化，掌握地质构造位置及水文情况和小煤窑开采分布范围。

（2）疏放降压。在受水害威胁和有透水危险的矿井或采区进行专门的疏水工程，有计划有步骤地将地下水进行疏放，达到安全开采水压。

（3）探水放水。矿井必须做好水害分析预报，坚持"有疑必探、先探后掘"。

（4）留设防隔水煤（岩）柱。对于各种水源，在一般情况下都应采取疏干措施，或堵塞其入井通道，彻底解决水的威胁。但有时这样做不合理或不可能，因此需要留设一定宽度的煤（岩）柱来截住水源。

（5）注浆堵水。将水泥砂浆等堵水材料，通过钻孔注入渗水地层的裂隙、渗洞、断层破碎带，待其凝固硬化，将涌水通道充填堵塞，起到防水作用。

（6）防水设施。在井下巷道适当地点留设防水闸门或预留防水墙的位置，在水害发生时使之分区隔离，缩小灾情和控制水害范围，确保矿井安全。

第四节　机电、运输和爆破安全基础知识

一、煤矿用电安全

煤矿电气事故不仅会影响矿井生产，而且会对矿井安全和

工人生命安全构成严重威胁。例如，发生人身触电事故，易造成人员触电死亡；电气火花易引发瓦斯和煤尘爆炸及火灾等恶性事故。

1. 井下电气设备的防爆性

由于煤矿井下环境的特殊性，所以要求使用的电气设备均为防爆型电气设备。所谓防爆型电气设备就是能在一定的爆炸危险场所安全供电的电气设备。防爆型电气设备的种类很多，其中隔爆型电气设备是主要的一种，它的防爆标志为 Exdl。其含义：Ex 为防爆总标志，d 为隔爆型代号，1 为煤矿用防爆电气设备。正因为隔爆型电气设备的隔爆外壳具有耐爆性和隔爆性，所以被广泛用于有瓦斯煤尘爆炸危险的井下。

电气设备失去了防爆性能叫"失爆"。例如：由于隔爆接合面严重锈蚀，有较大的机械伤痕，间隙过大；隔爆外壳变形、损坏或焊缝开焊；接线嘴螺钉折断或缺少；密封圈或封堵挡板不合格；接线柱、绝缘套管被烧毁，使两个空腔连通等。当电气设备出现失爆现象时，必须立即维修或更换，不得继续使用。

2. 矿用电缆悬挂注意事项

（1）在水平巷道或倾角小于 30°的斜巷中，电缆应用吊钩悬挂。

（2）电缆悬挂的高度应保证其在矿车行驶和掉头时不被撞压，在电缆坠落时不落在轨道或输送机上。

（3）电缆不应悬挂在风管或水管上。电缆上严禁悬挂任何物件。悬挂的电缆不得淋水。

（4）电缆悬挂点的间距，在水平和倾斜巷道中不得超过3 m。

（5）盘圈或盘成"8"字形的电缆不得带电，但给采掘机组供电的电缆不在此限。

（6）井下作业人员都要爱护电缆，不得用大块煤（矸）或其他物件砸、压及埋电缆，避免用镐刨电缆，人不能坐在电缆上。

3. 井下供用电三大保护

（1）漏电保护。漏电保护的作用是：当井下电网发生漏电时，能立即自动切断电源，消除漏电对人身、设备和矿井带来的危害。

（2）保护接地。保护接地就是用导线把电气设备的外壳与接地装置连接起来。当人触及带电的金属外壳时，因接地装置的接地电阻很低，外壳对地电压小于安全电压，大大减少了通过人体的电流，从而降低了人体触电的危险。

（3）过流保护。过流保护的作用是：当电网中某一线路发生过流时，自动切断故障部分电路，防止过流造成的危害。严重的线路过流会导致绝缘损坏、电缆着火、烧毁电气设备，甚至会导致井下火灾或瓦斯煤尘爆炸事故。

4. 触电及其防范措施

（1）井下触电分类

煤矿井下触电有电机车架线触电、低压电网触电和高压电网触电 3 类。其中，电机车架线触电次数约占全部触电次数的 60%；其次是低压电网触电，约占 30%；高压电网触电约占 10%。

（2）影响触电危害程度的因素

触电事故对人体的危害程度由下列因素决定。

1）电流的大小

电流越大，对人体的危害程度越大。如人体接触 50 Hz 交流电，当电流为 0.65~1.5 mA 时，开始有感觉，手指有麻刺感；当电流为 50~80 mA 时，呼吸麻痹，心房开始震颤。

2）人的皮肤电阻的大小

人的皮肤电阻是人体电阻的主要组成部分。电压一定，电阻越大，进入人体的电流越小。皮肤电阻在受潮、出汗、黏附导电粉尘时都将降低。

3）电流流经人体的路径

电流流经人体的路径不同，其危害程度差异很大，如通过心脏时，几十毫安电流即可使人死亡。

4）触电时间的长短

触电时间越长，危险性越大。即使是安全电流，流经人体时间过长，也会造成伤亡事故。

5）电流的种类和频率

一般来说，直流电比 50 Hz 的交流电危害性小，如同样是 20～50 mA 的电流，50 Hz 交流电使人迅速麻痹，心房开始震颤，而直流电仅使人产生较强热感觉，手部肌肉略有收缩。

（3）触电事故的主要防范措施

1）防止人身触及或接近带电体。电气设备的裸露导体必须按规定安装在一定高度，对其带电部分应用外壳封闭或用栅栏围住，使人不能接近；高压设备的栅栏门，必须装设开门，即停电的闭锁装置，将电气设备的带电部件和电缆接头，全部封闭在外壳内；乘坐架线电机车牵引的列车时，上下车时都必须将架空线断电，并严防携带的金属工具触及架空线。

2）采用相应技术措施，防止人身触电。在井下供电变压器中性点不接地系统中，设置漏电保护和漏电闭锁装置、保护接地装置等。

3）尽量采用低电压。对手扶式电气设备和接触较多容易造成触电危险的照明、通信、信号及控制系统，除应加强绝缘外，还应尽量采用低电压，如煤电钻和照明装置的电压应不大于 127 V，控制线路的电压应不大于 36 V。

4）严格执行《煤矿安全规程》和电气安全作业制度。不带电检修、搬迁电气设备，严格执行工作票制度、工作许可制度、停送电制度和工作监护制度等制度。

5. 坚持煤矿井下安全用电"十不准"

（1）不准带电检修和搬迁电气设备。

（2）不准甩掉无压释放装置和过流保护装置。

（3）不准甩掉检漏继电器、煤电钻综合保护装置和局部通风机风电、瓦斯电闭锁装置。

（4）不准明火操作、明火打点、明火爆破。

（5）不准用铜丝、铝丝和铁丝代替熔丝。

（6）对停风停电的采掘工作面，没有检查瓦斯或瓦斯超过规定不准送电。

（7）对失爆的电气设备和电器不准送电。

（8）不准在井下敲打、撞击和拆卸矿灯。

（9）对有故障的电缆线路不准强行送电。

（10）对保护装置失灵的电气设备不准使用。

二、矿井提升运输安全

矿井提升运输是煤炭生产的重要环节。由于井下作业环境特殊，如空间小、光线暗、提升运输量大、线路长及点多面广，经常发生提升运输设备伤人的事故。所以，必须搞好矿井提升运输安全。

1. 上下井乘罐的安全事项

（1）上下井时，要遵守井口、井底的有关安全规定，在指定地点等候，等罐笼停稳后，排队按次序进出罐笼，不得私自撩开罐帘、罐门，不得争抢拥挤。

（2）乘罐时要服从井口把钩人员指挥，自觉接受井口检查人员的检查和劝告。

（3）人员进入罐笼后，不准打闹，手握紧扶手，手、脚和头、衣服以及随手携带的工具物品不准露出罐外，不得往罐外井筒里扔东西。

（4）任何人不得与携带炸药、雷管的爆破工同罐上下。

（5）不准乘坐提升煤炭的箕斗、无安全盖的罐笼和装有设备材料的罐笼。

（6）上下井乘坐吊桶时，必须系牢安全带。要脸向外，身体任何部位都不能突出容器外缘。吊桶的安全装置应齐全、良好。

2. 平巷运输事故的防治

（1）平巷运输中主要危险因素

1）由于电机车司机操作失误或巷道安全间隙不够，造成电机车、矿车或材料车撞人、轧人、挤人或车辆相撞事故。

2）由于轨道铺设、维修质量不好，造成电机车、矿车或材料车掉道，挤、碰、轧人员。

3）由于架空线与电机车集电弓接触不好，严重冒火引起火灾或瓦斯、煤尘爆炸。

4）由于人员违章扒车、蹬车、跳车，造成人身事故。

5）由于车内人员身体或手持金属工具触及架空线，造成人身触电事故。

6）由于违章在平巷推车，造成撞人或被撞事故。

（2）平巷运输事故的预防措施

1) 电机车要铃声、灯光齐全，刹车装置灵活可靠，尾车上要装有红色尾灯。蓄电池电机车应有容量指示器和漏电监测保护。防爆特殊性电机车必须装备瓦斯超限报警仪和断电保护装置。无轨胶轮车必须装备瓦斯自动报警仪和防爆灭火装置。

2) 巷道和轨道、道岔、信号、照明、设备等必须符合安全质量标准化规定。巷道干净卫生，无污泥、积水和杂物，水沟盖板齐全完好。

3) 交叉道口信号、照明良好，无人看守道口要有司控道岔和信号自动闭锁系统。车辆驶近道岔、巷道交叉口、装车点以及会车时，应减速鸣铃（号）发出信号并认真瞭望，发现前方有人和障碍物要刹车。

4) 人车乘车点要有区间闭锁。当人员上下人车时，其他车辆不能进入人车车站。

5) 人车行驶车速不得超过规程规定的 4 m/s。在同一条轨道上同向行驶车辆，两列车间距不得小于规程规定的 100 m。

6) 平巷乘车要遵守安全规定，在乘车点上下车，不准爬车、蹬车、跳车。每车乘坐人数不得超员，车门挂好防护链（杆），乘车人的头、手及身体其他部位不准伸出车外，超长工具要妥善保管，不准伸出车外。

7) 人员上下车时要将架空线电源切断。人员身体或手持金属工具不能触及架空线，以免造成触电事故。

8）不准在运输巷道内采用人力推车。确因生产需要，必须报告矿井调度室，采用截车措施后方可用人力推车。

9）人车行驶发生异常，如掉道脱轨，乘车人员应向司机紧急晃灯和喊叫，发出紧急停车信号，不能慌乱逃窜。

10）人员在运输巷道中行走时，要注意前、后来往车辆，要走在巷道一侧的水沟盖板上，不得嬉戏打闹。

3. 斜巷提升运输事故的防治

斜巷提升运输中主要危险因素是跑车。

（1）斜巷提升运输中跑车事故原因

1）绞车司机和信号把钩工误操作造成跑车。

2）牵引钢丝绳因磨损或超负荷使用而断裂引起跑车。

3）连接装置失效引起跑车。

4）连接销窜销或脱钩跑车。

5）绞车制动装置失效跑车。

6）斜巷安全防护设施不全或管理使用不当，跑车后造成人身伤害。

（2）斜巷运输跑车事故预防措施

1）绞车司机和信号把钩工必须经过培训，考试合格。严格执行《操作规程》，严禁未连接好车辆，便把车推过变坡点，或未待车停稳就违章摘钩，使车辆返回向下坡方向，造成跑车；严禁绞车司机在下放车辆时不送电松闸放车，造成带绳跑车。上下车场挂车时，余绳（即松开的绳）不得超过 1 m。

2）上下车场绞车房之间必须有可靠的声光信号。斜坡上每隔 10 m 或巷道交叉口处在绞车启动后应有警戒红灯。人员上下通过斜巷时，必须和信号把钩工取得联系，在人员上下时，绞车不得运行，做到"行人不行车，行车不行人"。

3）斜巷中轨道应保证铺设质量合格，巷道卫生干净，管线吊挂整齐规范。巷道内不准有杂物、浮煤和流水。兼作行人的斜巷必须留有人行道，其宽度不小于 0.8 m，并砌筑人行踏步台阶。巷道底部应当有足够的、转动灵活的地滚。

4）开车前应当认真检查牵引钢丝绳及其连接装置，当钢丝绳由于断丝、磨损、锈蚀等原因造成损坏时，严禁继续使用。矿车之间连接链环、插销或矿车连接器等不合格、有损伤或用其他物品代替三环链或矿车插销等，不得开车。

5）上部车场必须有可靠的防跑车装置。放车前应当检查钩头连接及各车之间连接。确认连接好才可打开防跑车装置，向绞车司机发信号开车。

6）斜巷中应设有可靠的跑车防护装置，做到"一坡三档"。防跑车装置应当加强日常检查维修和试验，确保灵活有效。

7）斜巷提升时应当加设保险绳。为了防止牵引钢丝绳与矿车之间，或者矿车与矿车之间连接处断链、断销或窜销，而发生跑车，应当加设保险绳。保险绳有单绳式保险绳和环绕式保险绳两种。

8）绞车安装应当稳固可靠。绞车制动装置应当灵活有效，闸带使用后的剩余厚度不得小于 3 mm。

9）牵引钢丝绳在绞车绳筒上应当排列整齐有序、层次分明，不得出现跑绳、咬绳等现象，同时应当安装完好的挡绳板。

10）斜巷提升时，严格禁止车内、车上和连接处搭乘人员。

三、井下爆破事故的防治

1. 预防爆破发生冒顶事故

根据采掘工作面爆破造成冒顶原因分析，预防采掘工作面爆破造成冒顶主要有以下几方面措施。

（1）掘进工作面爆破前，必须对爆破地点及其附近 10 m 范围内的支护进行检查和加固。工作面顶板两帮要插严背实，并对支架进行联锁，以增加其稳定性和整体性。

【事故实例】 2012 年 5 月 21 日，辽宁省北票煤业有限责任公司台吉煤矿四井−590 m 水平西一石门机巷掘进工作面位于采场应力集中区，采用梯形木棚支护，因支护强度不够，掘进爆破后顶板冒落，发生一起顶板事故，造成 4 人被困，其中 2 人获救、2 人死亡。

（2）采掘工作面炮眼位置、角度、间距、深度都要符合作业规程要求，特别是掘进工作面要选择合理的掏槽形式。钻眼开口位置要选择得当，避免最小抵抗线方向正对支柱。

（3）采掘工作面有足够的炮道，掘进工作面要有足够掏槽深度。

（4）为减小爆破对顶板的震动、破坏，应采用毫秒延期爆破。

（5）严格按作业规程要求装药，避免装药量过大。当过老巷、断层破碎带时，应采用少装药、一次爆破炮眼个数少的方法，甚至不进行爆破。

（6）采掘工作面遇有地质构造、矿山造成压力加剧，顶板松软破碎，裂隙节理发育，应采取加强顶板支护技术措施。

（7）在空顶情况下，严禁装药爆破。

（8）合理安排采煤工作面回采工序，避免回柱放顶、采煤和爆破同时对工作面的集中作用，要求它们在空间上要相互错开至少 15 m 的距离，在时间上也要相互错开一定时间。

【事故实例】 1987 年 3 月 14 日 18 时 18 分，江苏省徐州矿务局张小楼矿掘进六区在 −400 m 水平西翼 7101 工作面回风巷掘进时，钻 10 个深度为 0.3～0.4 m 的炮眼，每眼装药半卷（其中一个炮眼未装药）。第一次爆破时放了两个炮眼，第二次放了 4 个炮眼，将本不稳固的抬棚崩倒。班长和安全员检查后，安排里外两组人员扶抬棚、穿插梁。当外面一组穿第二根插梁时，一块 1.8 m×1.8 m×0.6 m 的大矸石突然冒落，将两名工人埋压，其中一人因头部伤势过重，流血过多死亡，另一人受轻伤。

2. 预防爆破崩人事故

(1) 采掘工作面爆破地点有人，爆破工不准将母线与雷管脚线连接。爆破时，爆破工必须最后离开爆破地点，并只准爆破工一人通电，严禁他人通电爆破。

(2) 放炮母线要有足够长度，起爆地点和爆破地点的距离要在作业规程中规定，躲避处的选择要能避开飞石、飞煤的袭击，掩护物要有足够的强度。

(3) 严格执行爆破警戒制度，严防人员误入爆破区。

(4) 通电以后装药眼不响时，如使用瞬发电雷管，至少等5 min；如使用延期电雷管至少等 15 min，方可沿线路检查，找出不响的原因，不能提前进入工作面巡查和作业。

(5) 采取措施防止杂散电流进入爆破网络。

(6) 爆破后，如果出现拒爆、残爆现象，必须按《煤矿安全规程》规定处理。

【事故实例】 1995 年 6 月 29 日 11 时 20 分，福建省上京矿务局仙亭煤矿由于班长、爆破工严重违反爆破规定，由非爆破工参加装药连线，同时，在未清点人员是否全部撤到安全地点的情况下通电爆破，位于迎头 5 m 处的一名工人被崩死亡。

3. 预防爆破炮烟中毒事故

井下爆破后，炮烟中主要气体对人体有害，预防爆破炮烟中毒事故的措施主要有以下几方面。

（1）正确选择炸药

对选用的炸药，特别是新品种炸药的性能、规格、使用范围必须了解。有条件的矿井还要检验厂方提供的包括有毒气体在内的各项指标是否正确与合乎要求。

（2）正确使用炸药

炸药反应程度与炸药组分、密度、颗粒、起爆能、装药直径和爆炸壳材料有关，故在使用时要保证炸药充分完全爆炸，减少有毒气体的生成。

（3）加强洒水与通风

通风能排除有毒气体。洒水可以把氮氧化物变为硝酸或亚硝酸从碎石或岩缝中驱逐出去，如果水中加入碱性溶液效果更好。

（4）炮烟散尽后再进入工作面

采掘工作面爆破后，必须等 15 min 后再进入工作面，一是避免炮烟未被吹散，造成炮烟熏人，使人慢性中毒；二是防止炸药迟爆现象，导致意外爆炸人身事故。

【事故实例】2008 年 7 月 1 日 11 时 16 分，陕西省神木汇森凉水井矿业有限责任公司 42102 综采工作面通风系统未调整到位，安装调试阶段临时采用局部通风机给工作面供风，在局部通风机停止运转、工作面微风的情况下，违章进行顶板深孔预裂爆破作业，导致返回工作面作业的人员因有毒有害气体中毒死亡 18 人，伤 10 人，直接经济损失 905 万元。

复习思考题

1. "一通三防"指的是什么?

2. 矿井通风的作用是什么?

3. 一氧化碳对人体有什么毒性? 最高允许浓度是多少?

4. 列举 3 种采煤工作面通风系统。

5. 简述局部通风机压入式通风的优缺点。

6. 简述瓦斯的性质。

7. 矿井瓦斯划分为哪几级?

8. 瓦斯爆炸必须同时具备哪 3 个条件?

9. 煤尘爆炸必须同时具备哪 3 个条件?

10. 简述井下外因火灾的主要预防措施。

11. 什么叫井下内因火灾?

12. 使用干粉灭火器时应注意什么?

13. 采煤工作面支架应具备哪些基本性能?

14. 按照发生冒顶事故的原因分析,可将采煤工作面顶板灾害分为哪三大类?

15. 掘进工作面迎头处为什么容易发生顶板事故?

16. 防治煤巷锚杆支护冒顶事故的最佳途径是什么?

17. 进行巷道维修、更换支架时,"五先五后"是什么?

18. 简述矿井透水预兆。

19. 煤矿防治水"十六字原则"是什么?

20. 煤矿防治水"先探后掘"指的是什么？

21. 防范触电事故主要有哪些措施？

22. 人员进入罐笼后应注意哪些安全事项？

23. 人员上下车时如何避免触电事故？

24. 如何预防斜巷运输跑车事故？

25. 预防爆破崩人事故有哪些主要措施？

26. 为什么采掘工作面爆破后，必须等 15 min 后再进入工作面？

第五章 煤矿农民工权利义务和 班组安全管理

学习目的：

通过本章的学习，了解农民工有依法获得安全生产保障的权利，并应当依法履行安全生产方面的义务。熟悉煤矿班组安全生产管理，执行班组安全规章制度，杜绝违章作业和违反劳动纪律的行为和现象，履行好岗位安全职责。

第一节 煤矿农民工权利和义务

关心和维护农民工的人身安全权利，是实现安全生产的重要条件，也是重视农民工最大的"民生"。农民工有依法获得安全生产保障的权利，并应当依法履行安全生产方面的义务。

一、煤矿农民工安全生产的权利

1. 安全教育培训权

煤矿企业应当加强对农民工进行安全教育培训工作，不断地树立农民工的法制观念、安全意识及"安全第一、生产第二"思想；增长农民工安全生产技术知识，了解煤矿灾害事故的形成原因、规律和防治措施，掌握灾害时自救、互救和避灾方法；提高农民工的安全操作技能，了解本工种、本岗位的操作标准；培育农民工安全健康心理，克服和纠正不利于安全生产的心理现象。

2. 危险因素知情权

煤矿井下条件复杂，水、火、瓦斯、煤尘、顶板等自然灾害和危险因素较多，农民工有权知道其作业场所和工作岗位存在的危险因素。同时，还有权了解危险因素的防范措施和发生事故后的应急救援方案，这样有利于提高农民工的安全防范意识。

3. 劳动合同保障权

劳动合同是劳动者与用人单位确立劳动关系、明确双方权利和义务的协议。煤矿企业与农民工订立的劳动合同，应当载明有关保障从业人员劳动安全、防止职业危害的事项，以及依法为农民工办理工伤社会保险事项。

4. 违章指挥拒绝权

违章指挥和强令冒险作业是严重的违法行为，也是直接导致发生生产安全事故的重要原因。农民工拒绝违章指挥和强令冒险作业，有利于防止生产安全事故的发生和保护农民工的自身安全。煤矿农民工应当拒绝违章指挥和强令冒险作业。

5. 安全问题检举权

煤矿农民工对安全问题有建议权、批评权、检举权和控告权，一方面可以充分调动他们在安全生产工作中的主动性和积极性，体现安全管理的民主性；另一方面可以减少企业在安全生产管理工作中的失误，以及制止企业管理者违反安全生产法律、法规行为，保障安全生产，防止生产安全事故的发生。

6. 紧急情况避险权

煤矿农民工发现直接危及人身安全的紧急情况时，有权停止作业或者采取可能的应急措施后撤离作业现场，进行安全避险。煤矿企业不得因此降低农民工的工资、福利待遇，或者解除与其订立的劳动合同，更不得进行其他方面的打击报复。

7. 安全管理参与权

农民工是煤矿企业的主人，既是生产事故的受害者，又是生产安全的实施者。他们对安全管理中的问题和事故隐患了解得最清楚，有权参与安全管理。一旦发现事故隐患，他们应当要求有关部门进行整改，并且积极提出整改措施、建议，参与整改。

8. 事故伤害赔偿权

煤矿农民工受到生产安全事故伤害时，除依法享有工伤社会保险外，依照有关民事法律尚有获得赔偿的权利的，有权向本单位提出赔偿要求。

二、煤矿农民工安全生产的义务

1. 接受安全教育培训的义务

安全教育培训对农民工既是权利，更是义务。煤矿农民工要克服文化低听不懂、内容多记不住、时间紧学不了的困难，应当把学习当作履行一种义务来对待，扎扎实实多学点知识，多掌握一些本领。

2. 遵章守规、服从管理的义务

煤矿农民工应当遵章守规、服从管理。不仅要严格遵守国家有关安全生产的法律、法规，还应当遵守煤矿企业制定的安全规章制度、作业规程、安全技术措施和操作规程。要服从现场管理，听从班组长的安排，维护班组长的威信。

3. 使用劳动防护用品的义务

劳动防护用品是保障农民工在生产劳动过程中安全与健康的一种防御性装备，不同的劳动防护用品有其特定的佩戴和使用规则、方法。只有正确佩戴和使用，才能充分发挥其功能，真正起到防护作用。农民工要正确佩戴和使用劳动防护用品。

4. 及时报告事故隐患的义务

农民工在生产一线作业，是事故隐患和不安全因素的第一目击者，在发现事故隐患时，应当及时向班组长或其他管理人员报告，以便采取有效措施进行紧急处理，避免造成灾害事故或者使灾害事故的影响范围扩大。同时，农民工在保证自身安

全的前提下，要积极消灭灾害、妥善处理事故。

第二节　煤矿班组安全生产管理

班组是企业的"细胞"。班组长既是企业安全生产活动的参与者，又是班组安全生产活动的组织者、管理者和指挥者。

一、班组安全管理制度

1. 班前会和交接班制度

班组必须严格落实班前会制度，结合上一班作业现场情况，合理布置当班安全生产任务，分析可能遇到的事故隐患，并采取相应的安全防范措施，严格进行班前安全确认。

班组必须严格执行交接班制度，重点交接清楚现场安全状况、存在隐患及整改情况、生产条件和应当注意的安全事项等。

2. 安全质量标准化和文明生产管理制度

班组必须认真开展安全质量标准化工作，加强作业现场精细化管理，确保设备设施完好，各类材料、备品配件、工器具等排放整齐有序，清洁文明生产，做到岗位达标、工程质量达标，实现动态达标。

3. 隐患排查治理报告制度

班组必须严格执行隐患排查治理报告制度，对作业环境、安全设施及生产系统进行巡回检查，及时排查治理现场动态隐患，隐患未消除前不得组织生产，并如实予以报告。

4. 事故报告和处置制度

班组长是事故报告现场第一责任者。煤矿企业应当制定班组作业现场应急处置方案，明确班组长应急处置指挥权和职工紧急避险逃生权。

5. 学习培训制度

煤矿企业应当组织好班组安全知识学习、岗位技能培训、自救互救演练，做到应知应会。定期开展安全警示教育，吸取事故教训。落实以师带徒工作，尽快提高新工人安全操作技能。

6. 安全承诺制度

煤矿企业应当教育班组员工树立"安全第一，生产第二"理念，做到"四不伤害"。发动群众签订安全生产责任状，签订安全承诺书；建立个人风险抵押金和安全投入责任制度等安全承诺制度。

7. 民主管理制度

煤矿企业应当建立班组民主管理机构，组织开展班组民主活动，认真执行班务公开制度、重大事项民主评议制度、合理化建议制度、审议班组工作报告制度、民主评选制度等，赋予职工在班组安全生产管理、规章制度制定、安全奖罚、班组长民主评议等方面的知情权、参与权、表达权、监督权。

8. 安全绩效考核制度

煤矿企业必须将安全生产目标层层分解落实到班组，完善安全、生产、效益结构工资制，区队每月进行考核兑现。

9. 职业健康管理制度

煤矿企业必须按标准为职工配备合格的劳动防护用品；按规定对职工进行职业健康检查，建立职工个人健康档案；对接触有职业危害作业的职工，按有关规定落实相应待遇。

二、班组安全规章制度

1. 安全岗位责任制度

(1) 班组长的安全岗位责任制

1) 认真执行有关安全生产的规定，带头遵守安全操作规

179

程，对本班组工人在生产中的安全和健康负责。

2）根据生产任务、作业环境和工人的思想状况，具体布置安全工作。对新工人进行现场安全教育，并指定专人负责其劳动安全。

3）组织班组工人学习有关安全规程、规定，并检查其执行情况。教育工人不得违章蛮干，发现违章作业，立即进行劝止。

4）经常检查生产中的不安全因素，发现问题及时解决。对暂不能根本解决的问题，要采取临时措施加以控制，并及时上报。

5）认真执行现场交接班，做到交接内容明确。

6）现场发生伤亡事故，要积极组织抢救并保护现场，要在1小时内上报，并详细记录。事故发生后要立即组织全体班组工人进行认真分析，吸取教训，提出防范措施。

7）对本班组在安全工作中表现好的工人及时进行表扬，对"三违"现象提出批评，并在考核上加以经济奖罚。

（2）班组劳动保护检查员安全岗位责任制

班组要设立不脱产的劳动保护检查员。班组劳动保护检查员的日常工作属于班组长管理，业务上直属煤矿安全部门指导，协助班组长搞好安全工作。

1）认真执行煤矿、班组有关安全生产的规章制度，在班前、班中和班后都要仔细观察作业现场及其附近有无异常现象或安全隐患，发现问题要立即进行处理。

2）提醒、耐心说服、劝告阻止班组长的违章指挥、职工违章作业和违反劳动纪律行为。

3）认真检查作业现场职业危害防治措施的落实情况，教育工人正确佩戴和使用个人劳动防护用品。

4）及时将群众对安全工作的意见和合理化建议汇报给班组长，把班组长对安全工作的部署和要求及时传达落实到工人中。

5）发现明显危及职工生命安全的紧急情况时应立即报告，并组织职工采取必要的避险措施。

(3) 班组工人安全岗位责任制

1）认真学习上级有关安全生产的指示、规定、作业规程和安全技术知识，熟悉并掌握安全生产技能。

2）自觉执行安全生产各项规章制度和操作规程，遵守劳动纪律。

3）有权制止任何人违章作业，有权拒绝班组长的违章指挥。

4）正确佩戴、使用和爱护个人劳动保护用品。

5）积极参加安全生产活动，踊跃提出安全生产合理化建议。

6）搞好本岗位的安全质量标准化达标和文明生产。

2. 班组安全检查制度

（1）班组安全检查的形式

1）按参加检查的人员划分：自检、互检和专检。

2）按检查内容划分：普遍性检查和专业性检查。

3）按检查时间划分：班前、班中及班后的"三检制"、节日检查和季节性检查。

（2）班组安全检查的内容

1）工人的不安全行为。工人的不安全行为指的是工人的"三违"现象，它是区队、班组安全检查的重点。

2）作业现场的不安全隐患。检查顶板状况、支护完好程度和工程规格质量情况，检查现场及局部地点瓦斯和其他有害气体的超限情况，检查现场及附近透水、发火预兆和煤尘堆积情况。

3）机电设备的不安全状态。检查机电设备和电缆完好和防爆情况，检查局部通风机运转状态，检查安全监测监控系统运行状况。

（3）安全检查结果处理

1）立即整改。发现班组存在不安全隐患，不能等到上井后再填写三定表限期解决，应当在作业现场就予以纠正。

2）整理上报。对现场处理难度较大，且危及工人生命安全的检查结果，应该进行整理，上报到区（队），请求区（队）派人帮助解决。

3）兑现奖惩。对于认真执行操作规程，自觉抵制"三违"现象，排除事故隐患，解决安全技术难题的，在班组普遍实行经济核算的基础上给予表扬或增发奖金，表现突出的还可向区（队）申报给予适当安全奖励；否则要给予行政处罚。

4）建立档案。通过建立"三违"档案，能够为排查班组内薄弱环节、排查事故隐患、排查安全没把握的人提供依据，以便实施有针对性的跟踪教育和跟踪监督。

3. 安全奖惩制度

（1）奖励：对于在以下几方面做出突出成绩的职工应给予奖励。

1）认真执行操作规程和安全岗位责任制，长期实现安全生产的。

2）敢于制止违章作业、违章指挥和违反劳动纪律的现象，帮助后进工人取得明显进步的。

3）排除重大事故隐患，避免恶性事故发生的；或者在抢险救灾中做出贡献的。

4）在安全生产上有创新，能解决安全技术难题；或者提出有较大价值的合理化建议的。

5）在安全生产竞赛中成绩优异的。

奖励的方式既可给予荣誉奖，又可给予物质奖。

（2）惩罚：对于在以下几方面出现问题的职工应当给予惩罚。

1）不执行操作规程和规章制度造成事故的。

2）发现隐患既不报告，又不处理而造成事故的。

3）发生事故隐瞒不报的。

4）虽然没有造成事故，但却有严重"三违"现象的。

惩罚的方式：可以在区（队）、班（组）范围内批评教育、检讨和罚款；情节严重的，可由上级给予行政处罚；涉及违法犯罪的，可移交司法机关进行处理。

4．安全联防互保制度

安全联防互保制度是人们做安全管理主人翁的具体体现，它有以下几种形式。

（1）自保

自保指的是工人与区队、班组签订安全责任状，保证本人安全作业，并承担一定责任。

（2）互保

互保指的是工人之间结成对子，签订安全互保合同，规定双方的权利和义务。

目前，互保的主要形式有：一是以作业小组为单位结成互保对子；二是党团员和先进人物与其他工人结成互保对子；三是班组长、劳动保护检查员和安全检查工与普通工人结成互保对子，或者老工人与新工人结成互保对子。

（3）联保

联保指的是作业有关联的多名工人组成联保小组。例如，瓦斯检查工、爆破工和班组长结成安全爆破联保小组，爆破工、掘进机司机和巷道支架工结成掘进顶板安全联保小组等。还可以与职工家属签订联保公约，通过家属对职工做安全思想工作。

三、创建班组安全管理新方法

1．"手指口述"安全确认法

"手指口述"安全确认法指的是要求现场作业人员在作业和操作中，运用心想、眼看、手指、口述等一系列行为，对与安全关系密切的每一道关键工序、每一处关键部位、每一个关键环节进行确认，使人员的注意力高度集中，避免操作失误，从而减少事故、实现安全操作的方法。

"手指口述"的动作要求是上身保持直立姿势，眼睛紧紧注视着需要确认的对象，右手用力挥动手臂由上向下，食指指向需要确认的对象，刺激大脑思考，把最关键的话大声说出来，最后喊"OK"结束该确认动作。

在多年的推广过程中，各矿井下属单位高度重视，边探索边实践，边总结边提升，初步取得了积极成效，奠定了煤矿实现安全生产的基础。

目前，"手指口述"管理法正在现有的基础上进一步抓拓展、抓深化，力求更加系统、规范，以达到使职工自觉自发地执行的目的，起到对安全生产的长效促进作用。

2. 推行煤矿班组准军事化管理

"世界上最严密的组织是军队，最有战斗力的人是军人"。推行煤矿班组准军事化管理，使企业班组具有军队的奉献精神、团体精神、执行精神和学习精神，促进班组的思想上革命化、行动上军事化、管理上科学化。

推行准军事化管理，真正使班组人员一举一动有规，一招一式有序，工作标准更加科学，工作作风更加严谨，岗位行为更加规范，执行制度更加到位，从而解决"安全管理严不起来，安全制度落实不下去""有令不行、有禁不止""标准不一、行为随意"等突出的安全隐患和行为，彻底扭转班组农民工马虎、凑合、侥幸思想意识和习惯行为，全面提升班组安全生产水平。

3. 创新建立"人人都是班组长"班组建设模式

"人人都是班组长"，个个要做"当家人"，实现班组全员、全方位、全过程管理。"人人都是班组长"的班组管理模式，就是采取轮值制度，班组每位成员都有担任班组长、班委和参与班组管理的机会，实现民主决策、民主管理和安全生产，极大地调动班组每一名工人安全生产的积极性、主动性和创造性，促进班组进一步搞好安全生产工作。

第三节 "三违"和对"三违"人员的管理

一、"三违"及其危害

"三违"指的是煤矿企业职工在生产建设中所发生或出现的违章指挥、违章作业和违反劳动纪律的行为和现象。

1. 违章指挥

违章指挥指的是各级管理者和指挥者对下级职工发出违反安全生产规章制度以及煤矿三大规程指令的行为。

违章指挥是管理者和指挥者的一种特定行为。班组长在班组生产活动中具有一定的指挥发号施令的权力,如果单纯追求生产进度、数量,置安全于脑后,凭老经验办事,忽视指挥的科学性原则,就可能发生违章指挥行为。

违章指挥是"三违"中危害最大的一种。管理者和指挥者的违章指挥行为往往会引导、促使职工的违章作业行为,而且使之具有连续性、外延性。

【事故实例】 2012 年 3 月 29 日 19 时 04 分,贵州省林东煤业发展有限责任公司阳和煤矿发生一起 CO 中毒事故,造成 3 人死亡。在抢险过程中,阳和煤矿未采取有效措施,盲目施救,又造成 3 人死亡、5 人受伤,直接经济损失约 600 万元。

(1) 事故直接原因

阳和煤矿在 2902 运输巷掘进工作面施工超前探水钻孔过程中，长时间干式打眼引起瓦斯、煤尘燃烧，产生大量 CO，致人中毒死亡。事故发生后，阳和煤矿盲目施救，导致事故扩大。

（2）事故主要原因

阳和煤矿多处存在严重违章指挥问题，例如：安全生产主体责任不落实。安全生产责任制不落实，井下现场管理混乱，违章作业；安全管理机构不健全，管理脱节；未严格执行矿级领导入井带班制度，事故当班无矿级领导入井带班；隐患排查治理工作不到位；应急预案不落实，发生事故后未将情况及时向相关部门和上级公司报告，也未召请矿山救护队抢险救援，盲目施救，导致事故扩大；安全教育和培训缺乏有效性和针对性，从业人员安全意识淡薄，自保互保能力差。

2. 违章作业

违章作业指的是煤矿企业作业人员违反安全生产规章制度以及煤矿三大规程的规定，冒险蛮干进行作业和操作的行为。

违章作业是人为制造事故的行为，是造成煤矿各类灾害事故的主要原因之一。

违章作业是"三违"中数量最多的一种。违章作业主要发生在直接从事作业和操作人员身上。

【事故实例】 2010 年 6 月 5 日，湖南省桂阳县荷叶镇老碱水脚煤矿安排大工谭 A（2010 年 4 月 16 日到该矿上班，没有参加新工人入井前安全培训），小工谭 B、何 C（二人 2010年 3 月 1 日到该矿上班，下井前学习了 3 天）3 人到二级下山水仓清理矸石。值班长谭 D 负责当班安全检查，督促隐患排查。由于当天上午煤矿管理人员召开安全会议，当班没有安排矿领导下井带班。

值班长和作业人员于 7 时 30 分入井，到达工作面后，谭B 首先处理现场事故隐患，除掉顶部活矸。离垱头 1 m 处巷道顶部还有一块活矸，由于裂隙只有 1 cm，钢钎插不进去，现场人员认为暂时不会垮下来，于是何 C 开始在垱头清理矸石，谭 A 负责装车，谭 B 负责推车、挂车。9 时 30 分巷道顶板活矸（50 kg 重，一头宽 0.5 m、长 0.8 m、厚 0.2 m，另一头是尖的）突然垮落，击中正在清理矸石的何 C 头部，致使其当场死亡。在事故现场的谭 A 马上告诉在水仓下山井底挂车的谭 B，发现何 C 已经死亡，二人搬开矸石，并电话向地面报告事故。

事故直接原因是二级下山水仓没有及时支护；作业人员作业前没有严格执行"敲帮问顶"制度，没有及时除掉顶部活矸，在空顶区内违章作业，顶部活矸垮落后击中作业人员致死。

3. 违反劳动纪律

违反劳动纪律指的是煤矿企业从业人员违反企业制定的劳动纪律的现象和行为。

劳动纪律是指人们在共同的劳动中必须遵守的规则和秩序，是对不规范行为的约束，它是保持正常生产秩序，完成生产任务的需要，也是保障矿工安全的需要。为了保证煤矿安全生产的顺利实施，必须同违反劳动纪律的现象和行为作斗争。

劳动纪律主要包括以下内容。

（1）遵守劳动时间和本单位规定的作息制度，禁止迟到、早退，严格执行请假制度。

（2）服从分配和管理，坚守工作岗位，不得消极怠工和玩忽职守。

（3）努力工作，完成生产任务，保证工程规格质量，做到文明生产。

（4）在上班时间内，遵守生产秩序，不做与生产工作无关的事情，不东走西串、嬉戏打闹、聚众赌博和打架斗殴等，不得在班中睡觉。

（5）严格遵守操作规程，不准违章指挥或作业，做到安全生产。

（6）爱护国家财产和公共财物。

二、加强对"三违"人员的管理

1. 建立健全班组工人"三违"档案

（1）建立健全"三违"档案，为跟踪帮教提供依据

多年的实践证明，建立员工"三违"档案能够为排查薄弱

人员、薄弱环节和事故隐患，实行跟踪教育和跟踪监督检查提供依据。

（2）开发"三违"档案，为跟踪帮教提供重点

从"三违"的时间找出容易发生"三违"的时段，以便在该时段内加强监督检查。

从"三违"的类型找出容易发生"三违"的工序，以便在该工序时做到超前预防。

从"三违"的地点找出容易发生"三违"的部位，以便把该部位作为现场管理重点。

从"三违"的人员找出容易发生"三违"的人群，以便在该人群中重点进行帮教，达到防患于未然的目的。

（3）利用"三违"档案资料，开展多种形式安全教育

①建立井口宣传长廊，将"三违"资料做成多媒体教材，进行形象化教育。

②举办"三违"人员补课班，进行安全技术知识再教育。违章者上安全警示台进行现身说法，落实全员教育。

③举办安全展览，进行回顾反思教育。

④发挥家属委员会协管作用和小学生红领巾亲情作用，实施跟踪帮教。

⑤对杜绝"三违"人员进行表彰的正面教育。

2. 严格运用经济手段，对"三违"进行管理

（1）班组员工要签订杜绝"三违"责任状，以契约形式赋

予各级安全生产责任者以相应的责、权、利。

（2）把风险机制引入班组"三违"管理。实行安全风险抵押金制度，使班组员工人人承担安全风险。违章后按规定交纳一定的安全风险抵押金，在3个月内没有发生"三违"行为，返还安全风险抵押金，如再出现，没收所交安全风险抵押金。

（3）把岗位操作标准和安全质量标准化标准落实到生产现场。从规范员工的安全行为入手，从必知、必会、必禁，到应该干到什么程度，应该承担什么责任，都要对每个员工提出明确规定和要求，使大家在井下生产过程中，做到有标准、有要求、有规范、有考核、有奖惩。

（4）班组的"三违"情况与班组长经济效益挂钩。月度内本班组无"三违"现象，给予班组长嘉奖，若出现"三违"，视具体情况给予班组长罚款。

三、对"三违"行为进行处理

为了维护规章制度的严肃性，保证煤矿生产建设的正常进行，对"三违"的行为必须进行相应的处理。

1. 给予批评教育

对于具有轻微"三违"的行为，尚未造成严重后果的人员，应进行适当的批评教育，指出其所犯错误的性质及可能产生的后果，令其及时认识到自己行为的错误，自觉改正错误。批评教育的形式，可以采用个别谈话、在一定范围的会议上进行指名或不指名的批评、令其在一定范围内进行口头或书面检讨等。

2. 给予行政处分或经济处罚

职工"三违"行为违反了法律、法规或矿纪矿规的有关规定，造成了一定影响或不良后果，但尚不够刑事处分的，按照有关法律法规或内部规章制度的规定，由单位给予行政处分或适当的经济处罚。其目的是让"三违"的行为人认识到自己行为的性质和后果，从中吸取教训，改正错误，以免再犯。行政处分或经济处罚的具体形式有：警告、罚款或扣发工资奖金、记过、记大过、降级、降职、开除、留用察看等。

3. 给予刑事处罚

刑事处罚是对具有刑事责任能力的人实施了刑事法律规范所禁止的行为，"三违"的行为造成严重后果，触犯刑律，构成犯罪而给予的法律制裁。煤炭企业职工严重违反法律法规或规章制度，造成严重后果，如生产作业中违章指挥或违章作业，导致严重事故发生，造成重大伤亡或严重后果的，即触犯刑律，构成犯罪，就要按照我国刑事法规的规定，由司法机关给予刑事处罚。刑事处罚的形式包括管制、拘役、有期徒刑、无期徒刑、死刑5种主刑和罚金、剥夺政治权利、没收财产3种附加刑。

第四节　职业道德及安全职责

一、职业道德

2001 年 9 月 20 日中共中央公布了《公民道德建设实施纲要》，在全国范围内掀起了加强社会主义思想道德建设，发扬中华民族的优良传统美德，提高公民道德素质的热潮。由于煤炭行业既是光荣、重要的行业，又是苦、脏、累、险的行业，因此要求煤矿农民工需要有自己特殊的职业道德。一个安全文明的煤矿企业，必须有一支具有崇高的职业理想、主人翁的职业态度、尽心尽力的职业责任、过硬的职业技能、严明的职业纪律、高度负责的职业良心、高尚的职业荣誉、严格的职业作风和优秀的职业队伍。

煤矿农民工除应遵守一般的职业道德外，还应具有煤矿行业特殊的职业道德基本规范。

1. 热爱煤矿、忠于职守

应该爱祖国、爱矿山、爱岗位、以煤为业、以矿为家；干一行、爱一行、精通一行，以主人翁的态度对待本职工作，必要时甚至可以以身殉职。

2. 遵章守纪、服从管理

应该遵守煤矿安全生产的有关法律法规和各项规章制度，

服从管理，听从指挥。不仅自己带头不做违章违纪的事，而且当发现"三违"现象时，要敢于加以制止和纠正。

3. 艰苦奋斗、乐于奉献

应该在生产和工作中具有不畏艰苦、不怕困难、自强不息、顽强奋斗的精神和作风，具有不求索取、乐于为国家和人民多做贡献的道德境界。

4. 钻研技术、提高技能

应该努力学习科学文化知识，刻苦钻研业务技能，尽快提高自己的安全生产知识水平和操作技能水平，更好地为煤炭事业和国家建设做好本职工作。

5. 团结协作、顾全大局

应该互相关心、互相支持、互相帮助，要尊师爱徒。当个人利益和党、国家利益、集体利益发生矛盾时，要识大体、顾大局，愿意牺牲个人利益，乃至献出自己的生命。

6. 讲究质量、坚持安全

应该认真学习、掌握与自己工作有关的质量标准，在生产和工作中严格执行，敢于创新。要坚持安全生产，做到"生产必须安全""不安全不生产"，杜绝"三违"现象。

7. 勤俭节约、爱护公物

应该坚持发扬勤俭办事、节约每一分钱的好传统，杜绝一切浪费现象；要关心、爱惜、保护国家和集体的财产；要依靠科技进步和优化管理，进一步提高经济效益。

8. 勇于抢险、自救互救

煤矿一旦发生灾害事故，应该发扬大无畏的精神，勇于投入抢险救灾，积极开展自救互救，在确保自身安全的前提下，抢救他人，共同脱险，安全升井。

二、煤矿农民工安全职责

煤矿农民工对本岗位的安全生产工作负直接责任。其安全职责应包括以下内容。

1. 认真学习、执行煤矿三大规程、安全生产基本知识、本岗位操作技能、企业安全规章制度，努力实现安全生产的目标。

2. 上岗时必须正确佩戴和使用劳动防护用品，班前、班后应对所使用的工具、设备和设施进行检查，保证它们安全可靠。

3. 严格遵守劳动纪律的有关规定，执行安全操作规程，不违章冒险作业，制止任何人违章作业，并拒绝任何人的违章指挥。

4. 精心施工作业，正确操作、认真维护保养设备，搞好本岗位的质量标准化和文明生产，保护作业环境整洁。

5. 积极参加各种安全生产活动，主动提出安全生产的合理化建议，并有独创精神。

6. 正确分析、判断和处理各种事故隐患，把事故消灭在萌芽状态。发生灾害事故时，应积极参与抢险救灾活动，开展应急自救互救工作，并要保护现场，如实汇报。

【事故实例】　2008 年 3 月 2 日 7 时 30 分，江西省于都县布村煤矿发生较大瓦斯（窒息）事故，死亡 3 人，直接经济损失 96.1 万元。

该矿＋100 水平南大巷 5 号石门 B22 沿煤上山 90 m，从 2008 年 1 月 18 日至 2008 年 3 月 2 日，该上山已停工停风 45 天之久，上山巷道聚集了大量高浓度的瓦斯等有害气体。2 月 29 日启封后，煤矿没有按规定对上山进行瓦斯排放。3 月 2 日早上 7 时 10 分，安全员对平巷维修工程验收后，没有按照《煤矿安全规程》的规定逐段排放瓦斯，控制回风流中的瓦斯浓度，而是违章直接接通了原留在上山的风筒进行通风，采取"一风吹"的错误方法排放瓦斯。排放瓦斯时没有采取安全措施，没有检查瓦斯，人员没有撤离到安全地点，上山排放出来的高浓度瓦斯，导致在平巷维修作业没有及时撤离的 3 名工人缺氧窒息死亡。

主要原因：

1. 违章指挥。煤矿在没有制定安全措施及按规定排放瓦斯的情况下，违章安排上山通风和作业。

2. 作业人员素质低，安全意识差。3 名维修工人未听从安全员的指挥，不但没有及时撤离，还违章进入到山上。

复习思考题

1. 简述煤矿农民工依法获得安全生产保障的权利。

2. 简述煤矿农民工应当依法履行安全生产方面的义务。

3. 班前会有什么作用？

4. 什么是班组工人安全岗位责任制？

5. 什么叫"三违"？

6. 什么是违章作业？它有什么危害？

7. 劳动纪律主要包括哪些内容？

8. 如何对"三违"行为进行处理？

9. 煤矿农民工应当如何"讲究质量、坚持安全"？

第六章　煤矿农民工劳动保护及
职业病防治常识

学习目的：

这一章对国家近期实施的 4 个法律法规进行了解读，以便于煤矿农民工理解并更好地贯彻执行。要求通过本章的学习，了解煤矿农民工应享有的劳动保护权利；熟悉《煤矿矿长保护矿工生命安全七条规定》；掌握劳动合同订立的原则；能正确认定工伤并掌握工伤医疗待遇；了解煤矿的主要职业危害及职业病，使农民工加强劳动过程中职业危害的防范。

第一节　劳动保护常识

我国《宪法》规定："国家通过各种途径，创造劳动就业条件，加强劳动保护，改善劳动条件，并在发展生产的基础上，提高劳动报酬和福利待遇。"煤矿企业为了保障煤矿农民工在生产过程中的生命安全和健康，必须为农民工提供必要的安全生产、劳动保护措施和劳动防护用品，同时，国家对煤矿井下农民工还应采取特殊的保护措施。

一、劳动保护的内容及意义

1. 劳动保护的内容

劳动保护包括劳动安全、劳动卫生、工时休假和女职工及未成年工保护等方面的内容。

(1) 劳动安全：积极采取各种有效措施，控制和消除生产中有可能造成职业伤害的各种不安全因素，与工伤事故作斗争，努力减少和避免工伤事故，保证农民工安全地进行生产。

(2) 劳动卫生：不断改善生产作业环境，采取各种劳动卫生措施，给农民工创造宽敞、整洁、卫生的劳动条件，积极消除职业危害，努力防止职业中毒和职业病的发生，保障农民工的健康。

(3) 工作时间与休假：做到劳逸结合，严格控制加班加点，保障劳动者的休息权利，使农民工能够保持健康的体魄和旺盛、充沛的精力，不断提高劳动生产率。

(4) 女职工及未成年工的保护：根据女职工和未成年工的生理特点，对他们进行特殊保护，使他们在生产建设中发挥更大的作用。

2. 实施劳动保护的意义

(1) 实施劳动保护是贯彻执行党和国家的方针政策的需要

党的十一届三中全会后，党和国家把工作重点转移到社会主义经济建设上来，中共中央颁发了《关于加强劳动保护工作的通知》。劳动保护工作被提到了党和国家的议事日程上来，得到了空前的重视。

（2）实施劳动保护是保障农民工生命安全和身体健康的需要

煤矿井下自然灾害较多，经常出现安全隐患，甚至发生重大灾害事故，给农民工的生命和健康造成严重危害。因此，必须实施劳动保护，为农民工创造一种安全卫生的作业环境，提供保障安全的设施和防护用品，控制和消除灾害事故和职业危害的发生，确保农民工生命安全和身体健康。

（3）实施劳动保护是发展国民经济的需要

发展国民经济首要条件是发展社会生产力。人是生产力中决定性的因素。加强劳动保护工作，不断地改善劳动条件，消除不安全、不卫生的因素，逐步把事故伤亡率和职业病发生率降到最低限度，充分调动和发挥农民工的生产积极性，提高劳动生产率，促进国民经济的快速健康发展。

（4）实施劳动保护是构建和谐社会的需要

煤矿企业如果伤亡事故不断发生，职业病发病率不断上升，不仅不能调动农民工的生产劳动积极性，还会引发劳动纠纷与争议，影响企业与农民工之间的良好的劳动关系。所以实施劳动保护，保障农民工在劳动过程中的生命安全和身体健康，对于增进企业与农民工之间的团结，构建和谐社会，具有重要作用。

此外，劳动保护还规定了对女职工和未成年工给予特殊的保护，有利于女职工和未成年工的身心健康，也有利于下一代的成长和发育，对于社会稳定、和谐和长久发展意义重大。

二、煤矿农民工劳动保护

煤矿农民工除享有煤矿从业人员应享有的煤矿安全生产权利外，还应得到以下劳动保护。

（1）煤矿农民工与煤矿企业全员劳动合同制员工同工同酬，在劳动报酬方面不得对农民工设置障碍，或有任何歧视。

（2）对合同期满的农民工择优留用。对连续在煤矿工作的农民工，可以续签3～5年的劳动合同，并可以延续其工资级别。这样能够有力地克服农民工临时雇用的思想，使农民工树立在煤矿务工的稳定观念，为提高农民工综合素质创造了有利条件。

（3）农民工享受煤矿企业全员劳动合同制员工同等岗位的生产保健津贴和劳动防护用品。

（4）农民工享受煤矿企业全员劳动合同制员工相同的婚丧假。

（5）农民工在劳动合同期间发生工伤或死亡事故的，应依据国务院《工伤保险条例》的有关规定进行赔偿。

（6）煤矿企业应为农民工办理个人养老保险相关手续，并支付费用。

（7）当履行劳动合同发生争议时，双方应及时协调，如果协调不成，农民工可申请仲裁或向人民法院提起诉讼。

（8）农民工在煤矿企业劳动期间有获得政治荣誉、物质奖励和提拔重用的权利。在劳动竞赛、技术比武、岗位练兵等活动中取得优异成绩的应给予奖励，把进步较快、素质较高、能力较强的农民工提拔到班组长管理岗位或班组长后备队伍中，长期表现好的准予其加入中国共产党和年底评选先进生产者等。

三、关于工作时间和休息休假的规定

1. 标准工作日

国家实行劳动者每日工作 8 小时，每周工作 40 小时的工作时间制度。

2. 国家法定节假日

（1）全体公民放假的节日

1）新年，放假 1 天（1 月 1 日）。

2）春节，放假 3 天（农历正月初一、初二、初三）。

3）清明节，放假 1 天（农历清明当日）。

4）劳动节，放假 1 天（5 月 1 日）。

5）端午节，放假 1 天（农历端午当日）。

6）中秋节，放假 1 天（农历中秋当日）。

7）国庆节，放假 3 天（10 月 1 日、2 日、3 日）。

（2）部分公民放假的节日及纪念日

1）妇女节（3 月 8 日），妇女放假半天。

2）青年节（5 月 4 日），14 周岁以上的青年放假半天。

3）儿童节（6 月 1 日），不满 14 周岁的少年儿童放假 1 天。

4）中国人民解放军建军纪念日（8 月 1 日），现役军人放假半天。

（3）少数民族习惯的节日，由各少数民族聚居地区的地方人民政府，按照各民族习惯，规定放假日期。

（4）二七纪念日、五卅纪念日、七七抗战纪念日、九三抗战胜利纪念日、九一八纪念日、教师节、护士节、记者节、植树节等其他节日、纪念日，均不放假。

（5）全体公民放假的假日，如果适逢星期六、星期日，应当在工作日补假。部分公民放假的假日，如果适逢星期六、星期日，则不补假。

3. 职工全年月平均工作时间和工资折算

年工作日：365 天−104 天（休息日）−11 天（法定节假日）＝250 天

月工作日：250 天÷12 月＝20.83 天/月

月计薪天数＝（365 天−104 天）÷12 月＝21.75 天

日工资：月工资收入÷月计薪天数

小时工资：日工资收入÷8 小时。

4. 职工带薪年休假保护

（1）职工连续工作 1 年以上的，享受带薪年休假。单位应当保证职工享受年休假。职工在年休假期间享受与正常工作期间相同的工资收入。

（2）带薪年休假天数标准

职工累计工作已满 1 年不满 10 年的，年休假 5 天；已满 10 年不满 20 年的，年休假 10 天；已满 20 年的，年休假 15 天。

国家法定休假日、休息日不计入年休假的假期。

（3）职工有下列情形之一的，不享受当年的年休假。

1）职工请事假累计 20 天以上且单位按照规定不扣工资的。

2）累计工作满 1 年不满 10 年的职工，请病假累计 2 个月以上的。

3）累计工作满 10 年不满 20 年的职工，请病假累计 3 个月以上的。

4）累计工作满 20 年以上的职工，请病假累计 3 个月以上的。

5. 加班加点的保护

（1）加班加点的含义

加班指的是职工在国家法定节假日、带薪年休假日和休息日从事工作的现象。

加点指的是职工在正常工作日法定标准工作时间以外延长工作时间的现象。

（2）加班加点的限制

加班加点与劳动保护相背离，必须加以限制。

1）加点延长工作时间的规定。《劳动法》规定："用人单位由于生产经营需要，经与工会和劳动者协商后可以延长工作时间，一般每日不得超一小时；因特殊原因需要延长工作时间的，在保障劳动者身体健康的条件下延长工作时间每日不得超过三小时，但每月不得超过三十六小时"。但是，在特殊情况下，如抢救灾害事故、抢修设备等，延长工作时间不受上述规定的限制。

2）加班加点的经济补偿待遇。安排劳动者延长工作时间的，按照不低于员工本人小时工资标准的150％支付工资；在休息日安排工作的，可按同等时间补休，未能补休的，按照不低于员工本人日工资标准的200％支付工资；在国家法定节假日、带薪年休假日安排工作的，按照不低于员工本人日工资标准的300％支付工资。

实行计件工资的，在完成计件定额任务后加班加点的，分别按照本人法定工作时间计件单价的150％、200％和300％支付工资。

6. 职工还依法享受医疗期病假、婚假、探亲假、产假、流产假、晚育假和节育假的权利。

四、女职工劳动保护

针对女职工的生理特点、心理特点和劳动条件，自 2012 年 4 月 18 日施行的《女职工劳动保护特别规定》制定了一系列女职工劳动保护政策。其目的不仅是保护女职工的身心健康和持久的劳动积极性，也是为了保障下一代的身体健康。

五、未成年工劳动保护

未成年工指的是年满 16 周岁、未满 18 周岁的劳动者。由于这个年龄段的人员，正处于生长发育期和接受义务教育阶段。为保护未成年人的身心健康，未成年工禁忌从事的工作岗位包括矿山井下及矿山地面采石作业；非法招用未满 16 周岁的未成年人，或者招用已满 16 周岁的未成年人从事过重、有毒、有害等危害未成年人身心健康的劳动或者危险作业的，由劳动保障部门责令改正，处以罚款；情节严重的，由工商行政管理部门吊销营业执照。

六、《煤矿矿长保护矿工生命安全七条规定》

为了保护矿工生命安全，使煤矿安全生产主体责任得到真正落实，实现煤矿安全生产状况根本好转的目标，国家安全生产监督管理总局 2013 年 1 月 15 日公布了《煤矿矿长保护矿工生命安全七条规定》。其主要内容有以下几方面。

（1）必须证照齐全，严禁无证照或者证照失效非法生产。

（2）必须在批准区域正规开采，严禁超层越界或者巷道式采煤、空顶作业。

（3）必须确保通风系统可靠，严禁无风、微风、循环风冒险作业。

（4）必须做到瓦斯抽采达标，防突措施到位，监控系统有效，瓦斯超限立即撤人，严禁违规作业。

（5）必须落实井下探放水规定，严禁开采防隔水煤柱。

（6）必须保证井下机电和所有提升设备完好，严禁非阻燃、非防爆设备违规入井。

（7）必须坚持矿领导下井带班，确保员工培训合格、持证上岗，严禁违章指挥。

第二节　劳动合同常识

一、劳动合同种类

劳动合同分为固定期限劳动合同、无固定期限劳动合同和以完成一定工作任务为期限的劳动合同。

1. 固定期限劳动合同

固定期限劳动合同指的是用人单位与劳动者约定合同终止

时间的劳动合同。

用人单位与劳动者协商一致，可以订立固定期限劳动合同。

2. 无固定期限劳动合同

无固定期限劳动合同指的是用人单位与劳动者约定无确定终止时间的劳动合同。

用人单位与劳动者协商一致，可以订立无固定期限劳动合同。有下列情形之一，劳动者提出或者同意续订、订立劳动合同的，除劳动者提出订立固定期限劳动合同外，应当订立无固定期限劳动合同。

(1) 劳动者在该用人单位连续工作满 10 年的。

(2) 用人单位初次实行劳动合同制度，或者国有企业改制重新订立劳动合同时，劳动者在该用人单位连续工作满 10 年且距法定退休年龄不足 10 年的。

(3) 连续订立两次固定期限劳动合同，且劳动者没有规定的情形，续订劳动合同的。

用人单位自用工之日起满 1 年不与劳动者订立书面劳动合同的，视为用人单位与劳动者已订立无固定期限劳动合同。

3. 以完成一定工作任务为期限的劳动合同

以完成一定工作任务为期限的劳动合同，是指用人单位与劳动者约定以某项工作的完成为合同期限的劳动合同。

用人单位与劳动者协商一致，可以订立以完成一定工作任务为期限的劳动合同。

二、劳动合同订立的原则

订立劳动合同，应当遵循合法、公平、平等自愿、协商一致、诚实信用的原则。

1. 煤矿企业自用工之日起，即与农民工建立劳动关系。建立劳动关系，应当订立书面劳动合同。

2. 劳动合同由用人单位与劳动者协商一致，并经用人单位与劳动者在劳动合同文本上签字或者盖章生效。劳动合同文本由用人单位和劳动者各执一份。

3. 用人单位变更名称、法定代表人、主要负责人或者投资人等事项，不影响劳动合同的履行。

4. 用人单位发生合并或者分立等情况，原劳动合同继续有效，劳动合同由承继其权利和义务的用人单位继续履行。

5. 用人单位与劳动者协商一致，可以变更劳动合同约定的内容。变更劳动合同，应当采用书面形式。变更后的劳动合同文本由用人单位和劳动者各执一份。

三、劳动合同的内容

劳动合同应当具备以下内容。

1. 用人单位的名称、住所和法定代表人或者主要负责人。

2. 劳动者的姓名、住址和居民身份证或者其他有效身份证件号码。

3. 劳动合同期限。

4. 工作内容和工作地点。

5. 工作时间和休息休假。

6. 劳动报酬。

7. 社会保险。

8. 劳动保护、劳动条件和职业危害防护。

9. 法律、法规规定应当纳入劳动合同的其他事项。

四、关于试用期的规定

1. 劳动合同试用期期限

（1）劳动合同期限 3 个月以上不满 1 年的，试用期不得超过 1 个月；劳动合同期限 1 年以上不满 3 年的，试用期不得超过 2 个月；3 年以上固定期限和无固定期限的劳动合同，试用期不得超过 6 个月。

（2）同一用人单位与同一劳动者只能约定一次试用期。

（3）以完成一定工作任务为期限的劳动合同或者劳动合同期限不满 3 个月的，不得约定试用期。

（4）试用期包含在劳动合同期限内。劳动合同仅约定试用期的，试用期不成立，该期限为劳动合同期限。

2. 劳动者在试用期的工资不得低于本单位相同岗位最低

档工资，或者劳动合同约定工资的 80％，并不得低于用人单位所在地的最低工资标准。

3. 在试用期中，除劳动者有规定的情形外，用人单位不得解除劳动合同。用人单位在试用期解除劳动合同的，应当向劳动者说明理由。

五、无效劳动合同的有关规定

1. 下列劳动合同无效或者部分无效：

（1）以欺诈、胁迫的手段或者乘人之危，使对方在违背真实意思的情况下订立或者变更劳动合同的。

（2）用人单位免除自己的法定责任、排除劳动者权利的。

（3）违反法律、行政法规强制性规定的。

2. 劳动合同部分无效，不影响其他部分效力的，其他部分仍然有效。

3. 劳动合同被确认无效，劳动者已付出劳动的，用人单位应当向劳动者支付劳动报酬。劳动报酬的数额，参照本单位相同或者相近岗位劳动者的劳动报酬确定。

4. 目前有的煤矿企业与农民工订立的劳动合同中载有"发生伤亡事故，本煤矿概不负责""本合同最终解释权归本煤矿"等内容，使劳动合同无效或部分无效。

六、劳动合同的解除和终止

1. 劳动合同的解除

（1）劳动者解除劳动合同

用人单位有下列情形之一的，劳动者可以解除劳动合同。

1）未按照劳动合同约定提供劳动保护或者劳动条件的。

2）未及时足额支付劳动报酬的。

3）未依法为劳动者缴纳社会保险费的。

4）用人单位的规章制度违反法律、法规的规定，损害劳动者权益的。

5）因有关规定的情形致使劳动合同无效的。

6）法律、行政法规规定劳动者可以解除劳动合同的其他情形。

（2）用人单位解除劳动合同

劳动者有下列情形之一的，用人单位可以解除劳动合同。

1）在试用期间被证明不符合录用条件的。

2）严重违反用人单位的规章制度的。

3）严重失职，营私舞弊，给用人单位造成重大损害的。

4）劳动者同时与其他用人单位建立劳动关系，对完成本单位的工作任务造成严重影响，或者经用人单位提出，拒不改正的。

5）因《劳动合同法》第二十六条第一款第一项规定的情形致使劳动合同无效的。

6）被依法追究刑事责任的。

（3）有下列情形之一的，用人单位提前 30 日以书面形式通知劳动者本人或者额外支付劳动者 1 个月工资后，可以解除劳动合同。

1）劳动者患病或者非因工负伤，在规定的医疗期满后不能从事原工作，也不能从事由用人单位另行安排的工作的。

2）劳动者不能胜任工作，经过培训或者调整工作岗位，仍不能胜任工作的。

3）劳动合同订立时所依据的客观情况发生重大变化，致使劳动合同无法履行，经用人单位与劳动者协商，未能就变更劳动合同内容达成协议的。

（4）有下列情形之一，需要裁减人员 20 人以上或者裁减不足 20 人但占企业职工总数 10％以上的，用人单位提前 30

日向工会或者全体职工说明情况，听取工会或者职工的意见后，裁减人员方案经向劳动行政部门报告，可以裁减人员。

1）依照企业破产法规定进行重整的。

2）生产经营发生严重困难的。

3）企业转产、重大技术革新或者经营方式调整，经变更劳动合同后，仍需裁减人员的。

4）其他因劳动合同订立时所依据的客观经济情况发生重大变化，致使劳动合同无法履行的。

2. 劳动合同的终止

有下列情形之一的，劳动合同终止。

1）劳动合同期满的。

2）劳动者开始依法享受基本养老保险待遇的。

3）劳动者死亡，或者被人民法院宣告死亡或者宣告失踪的。

4）用人单位被依法宣告破产的。

5）用人单位被吊销营业执照、责令关闭、撤销或者用人单位决定提前解散的。

6）法律、行政法规规定的其他情形。

七、集体合同

1. 企业职工一方与用人单位通过平等协商，可以就劳动报酬、工作时间、休息休假、劳动安全卫生、保险福利等事项订立集体合同。集体合同由工会代表企业职工一方与用人单位订立。

2. 集体合同订立后，应当报送劳动行政部门；劳动行政部门自收到集体合同文本之日起 15 日内未提出异议的，集体合同即行生效。

3. 集体合同中劳动报酬和劳动条件等标准不得低于当地人民政府规定的最低标准；用人单位与劳动者订立的劳动合同中，劳动报酬和劳动条件等标准不得低于集体合同规定的标准。

八、劳务派遣

劳动合同用工是我国的企业基本用工形式。劳务派遣用工是补充形式，只能在临时性、辅助性或者替代性的工作岗位上实施。

1. 订立劳动合同

劳务派遣单位与被派遣劳动者订立的劳动合同，应当载明被派遣劳动者的用工单位以及派遣期限、工作岗位等情况。劳务派遣单位应当与被派遣劳动者订立两年以上的固定期限劳动合同，按月支付劳动报酬；被派遣劳动者在无工作期间，劳务派遣单位应当按照所在地人民政府规定的最低工资标准，向其按月支付报酬。

2. 劳动报酬

劳务派遣单位应当将劳务派遣协议的内容告知被派遣劳动者。劳务派遣单位不得克扣用工单位按照劳务派遣协议支付给被派遣劳动者的劳动报酬。劳务派遣单位和用工单位不得向被派遣劳动者收取费用。劳务派遣单位跨地区派遣劳动者的，被派遣劳动者享有的劳动报酬和劳动条件，按照用工单位所在地的标准执行。

被派遣劳动者享有与用工单位的劳动者同工同酬的权利。用工单位应当按照同工同酬原则，对被派遣劳动者与本单位同类岗位的劳动者实行相同的劳动报酬分配办法。用工单位无同类岗位劳动者的，参照用工单位所在地相同或者相近岗位劳动者的劳动报酬确定。

3. 用工单位义务

用工单位应当履行下列义务。

（1）执行国家劳动标准，提供相应的劳动条件和劳动保护。

（2）告知被派遣劳动者的工作要求和劳动报酬。

（3）支付加班费、绩效奖金，提供与工作岗位相关的福利待遇。

（4）对在岗被派遣劳动者进行工作岗位所必需的培训。

（5）连续用工的，实行正常的工资调整机制。

（6）用工单位不得将被派遣劳动者再派遣到其他用人单位。

第三节　工伤保险常识

一、工伤认定

1. 有下列情形之一的，应当认定为工伤

（1）在工作时间和工作场所内，因工作原因受到事故伤害的。

（2）工作时间前后在工作场所内，从事与工作有关的预备性或者收尾性工作受到事故伤害的。

（3）在工作时间和工作场所内，因履行工作职责受到暴力等意外伤害的。

（4）患职业病的。

（5）因工外出期间，由于工作原因受到伤害或者发生事故下落不明的。

（6）在上下班途中，受到非本人主要责任的交通事故或者城市轨道交通、客运轮渡、火车事故伤害的。

（7）法律、行政法规规定应当认定为工伤的其他情形。

2. 有下列情形之一的，视同工伤

（1）在工作时间和工作岗位，突发疾病死亡或者在48小时之内经抢救无效死亡的。

（2）在抢险救灾等维护国家利益、公共利益活动中受到伤害的。

（3）职工原在军队服役，因战、因公负伤致残，已取得革命伤残军人证，到用人单位后旧伤复发的。

有前款第（1）项、第（2）项情形的，按照有关规定享受工伤保险待遇；有前款第（3）项情形的，按照有关规定享受除一次性伤残补助金以外的工伤保险待遇。

3. 职工有下列情形之一的，不得认定为工伤或者视同工伤

（1）故意犯罪的。

（2）醉酒或者吸毒的。

（3）自残或者自杀的。

二、工伤认定申请

1. 提出工伤认定申请时限规定

（1）发生事故伤害或按照职业病防治法规定被诊断、鉴定为职业病，所在单位应当自事故伤害发生之日或被诊断、鉴定为职业病之日起 30 日内，向统筹地区社会保险行政部门提出工伤认定申请。遇有特殊情况，经报社会保险行政部门同意，申请时限可以适当延长。

（2）用人单位未按规定提出工伤认定申请的，工伤职工或其近亲属、工会组织在事故伤害发生之日或被诊断、鉴定为职业病之日起 1 年内，可以直接向用人单位所在地统筹地区社会

保险行政部门提出工伤认定申请。

（3）按照规定应当由省级社会保险行政部门进行工伤认定的事项，根据属地原则由用人单位所在地设区的市级社会保险行政部门办理。

（4）用人单位未在规定的时限内提交工伤认定申请，在此期间发生符合规定的工伤待遇等有关费用由该用人单位负担。

2. 提出工伤认定申请提交的材料

（1）工伤认定申请表。

（2）与用人单位存在劳动关系（包括事实劳动关系）的证明材料。

（3）医疗诊断证明或者职业病诊断证明书（或者职业病诊断鉴定书）。

工伤认定申请表应当包括事故发生的时间、地点、原因以及职工伤害程度等基本情况。

工伤认定申请人提供材料不完整的，社会保险行政部门应当一次性书面告知工伤认定申请人需要补正的全部材料。申请人按照书面告知要求补正材料后，社会保险行政部门应当受理。

三、受理工伤认定申请

1. 社会保险行政部门受理工伤认定申请后，根据审核需要可以对事故伤害进行调查核实，用人单位、职工、工会组织、医疗机构以及有关部门应当予以协助。职业病诊断和诊断争议的鉴定，依照职业病防治法的有关规定执行。对依法取得职业病诊断证明书或者职业病诊断鉴定书的，社会保险行政部门不再进行调查核实。

职工或者其近亲属认为是工伤，用人单位不认为是工伤的，由用人单位承担举证责任。

2. 社会保险行政部门应当自受理工伤认定申请之日起60日内作出工伤认定的决定，并书面通知申请工伤认定的职工或者其近亲属和该职工所在单位。

社会保险行政部门对受理的事实清楚、权利义务明确的工伤认定申请，应当在15日内作出工伤认定的决定。

四、劳动能力鉴定

职工发生工伤，经治疗伤情相对稳定后存在残疾、影响劳动能力的，应当进行劳动能力鉴定。

1. 劳动能力鉴定分类

劳动能力鉴定是指劳动功能障碍程度和生活自理障碍程度的等级鉴定。

劳动功能障碍分为10个伤残等级，最重的为一级，最轻的为十级。

生活自理障碍分为3个等级：生活完全不能自理、生活大部分不能自理和生活部分不能自理。

2. 劳动能力鉴定方法和时限

(1) 劳动能力鉴定方法

设区的市级劳动能力鉴定委员会收到劳动能力鉴定申请后，应当从其建立的医疗卫生专家库中随机抽取 3 名或者 5 名相关专家组成专家组，由专家组提出鉴定意见。设区的市级劳动能力鉴定委员会根据专家组的鉴定意见作出工伤职工劳动能力鉴定结论，必要时，可以委托具备资格的医疗机构协助进行有关的诊断。

(2) 劳动能力鉴定时限

设区的市级劳动能力鉴定委员会应当自收到劳动能力鉴定申请之日起 60 日内作出劳动能力鉴定结论，必要时，作出劳动能力鉴定结论的期限可以延长 30 日。劳动能力鉴定结论应当及时送达申请鉴定的单位和个人。

3. 劳动能力鉴定复查

(1) 申请鉴定的单位或者个人对设区的市级劳动能力鉴定委员会作出的鉴定结论不服的，可以在收到该鉴定结论之日起 15 日内向省、自治区、直辖市劳动能力鉴定委员会提出再次鉴定申请。省、自治区、直辖市劳动能力鉴定委员会作出的劳动能力鉴定结论为最终结论。

(2) 自劳动能力鉴定结论作出之日起 1 年后，工伤职工或者其近亲属、所在单位或者经办机构认为伤残情况发生变化的，可以申请劳动能力复查鉴定。

五、工伤保险待遇

职工因工作遭受事故伤害或者患职业病进行治疗，享受工伤医疗待遇。

1. 治疗工伤所需费用

职工治疗工伤应当在签订服务协议的医疗机构就医，情况紧急时可以先到就近的医疗机构急救。

(1) 治疗工伤所需费用符合工伤保险诊疗项目目录、工伤保险药品目录、工伤保险住院服务标准的，从工伤保险基金支付。工伤保险诊疗项目目录、工伤保险药品目录、工伤保险住院服务标准，由国务院社会保险行政部门会同国务院卫生行政部门、食品药品监督管理部门等部门规定。

(2) 职工住院治疗工伤的伙食补助费，以及经医疗机构出具证明，报经办机构同意，工伤职工到统筹地区以外就医所需的交通、食宿费用从工伤保险基金支付，基金支付的具体标准由统筹地区人民政府规定。

(3) 工伤职工到签订服务协议的医疗机构进行工伤康复的费用，符合规定的，从工伤保险基金支付。

2. 社会保险行政部门作出认定为工伤的决定后发生行政复议、行政诉讼的，行政复议和行政诉讼期间不停止支付工伤职工治疗工伤的医疗费用。

3. 工伤职工因日常生活或者就业需要，经劳动能力鉴定委员会确认，可以安装假肢、矫形器、假眼、义齿和配置轮椅等辅助器具，所需费用按照国家规定的标准从工伤保险基金支付。

4. 停工留薪期内待遇

（1）职工因工作遭受事故伤害或者患职业病需要暂停工作接受工伤医疗的，在停工留薪期内，原工资福利待遇不变，由所在单位按月支付。

（2）停工留薪期一般不超过 12 个月。伤情严重或者情况特殊，经设区的市级劳动能力鉴定委员会确认，可以适当延长，但延长不得超过 12 个月。工伤职工评定伤残等级后，停发原待遇，按照本章的有关规定享受伤残待遇。工伤职工在停工留薪期满后仍需治疗的，继续享受工伤医疗待遇。

（3）生活不能自理的工伤职工在停工留薪期需要护理的，由所在单位负责。

5. 伤残工伤待遇

（1）工伤职工已经评定伤残等级并经劳动能力鉴定委员会确认需要生活护理的，从工伤保险基金按月支付生活护理费。

（2）职工因工致残被鉴定为一级至四级伤残的，五级、六级伤残的，七级至十级伤残的，分别按有关规定享受一定待遇。

6. 工伤职工工伤复发，确认需要治疗的，享受规定的工伤待遇。

7. 职工因工死亡，其近亲属按照有关规定从工伤保险基金领取丧葬补助金、供养亲属抚恤金和一次性死亡补助金。

8. 职工再次发生工伤，根据规定应当享受伤残津贴的，按照新认定的伤残等级享受伤残津贴待遇。

第四节 职业病防治常识

一、煤矿的主要职业病、职业禁忌及其他

1. 煤矿的主要职业危害及职业病

（1）生产性粉尘

生产性粉尘是煤矿的主要职业危害因素，井下生产过程中凿岩、钻煤眼、放炮、割煤、装煤（矸）、转载运输等环节均能产生大量粉尘，粉尘包括岩尘和煤尘两种。作业人员长期在岩尘超标的环境中劳动，可能引起硅肺病；作业人员长期在煤尘超标的环境中劳动，可能引起煤肺病。

（2）有害气体

井下空气中可能存在过量的 CH_4、CO、CO_2、氮氧化合物、H_2S 等有害气体，如果不及时加强通风，将其冲淡并带走，就可能造成人员中毒。

（3）不良气候条件

井下气候条件的基本特点是温差大、湿度大、风速大。因

此，作业人员容易出现感冒、上呼吸道感染或风湿性关节炎。

2. 职业禁忌

职业禁忌是指劳动者从事特定职业或者接触特定职业病危害因素时，比一般职业人群更易于遭受职业病危害和罹患职业病或者可能导致原有自身疾病病情加重，或者在从事作业过程中诱发可能导致对他人生命健康构成危险的疾病的个人特殊生理或者病理状态。

《煤矿安全规程》对职业禁忌的规定如下。

有下列病症之一的，不得从事接尘作业。

（1）活动性肺结核病及肺外结核病。

（2）严重的上呼吸道或支气管疾病。

（3）显著影响肺功能的肺脏或胸膜病变。

（4）心血管器质性疾病。

（5）经医疗鉴定，不适于从事粉尘作业的其他疾病。

3. 其他

有下列病症之一的，不得从事井下工作。

（1）以上所列不得从事接尘作业的病症。

（2）风湿病（反复活动）。

（3）严重的皮肤病。

（4）癫痫病和精神分裂症。

（5）经医疗鉴定，不适于从事井下工作的其他疾病。

（6）患有高血压、心脏病、深度近视等病症以及其他不适应高空（2 m 以上）作业者，不得从事高空作业。

二、职业危害的防范

职业病防治工作坚持预防为主、防治结合的方针。所谓预防为主就是控制职业危害的源头，即在职业活动中尽可能消除和控制职业危害因素的产生；所谓防治结合就是预防和治疗双管齐下。"防"是职业危害防范的根本途径，目的是不产生职业危害；"治"是职业病发生后保障患者的医疗、康复。

1. 职业危害的前期预防

（1）煤矿企业应当为从业人员创造符合国家职业卫生标准和卫生要求的工作环境和条件。

（2）煤矿企业对职业危害项目，应当及时、如实地向卫生行政部门申报，接受监督。

（3）新建、改扩建项目可能产生职业危害的，煤矿企业在可行性论证阶段应当向卫生行政部门提交职业危害预评价报告。

（4）建设项目的职业病防护措施应当与主体工程同时设计、同时施工、同时投入生产和使用。

2. 劳动过程中职业危害的防范

（1）煤矿企业应当设置或指定职业卫生管理机构，配备专职或兼职的职业卫生专业人员，负责本单位的职业病防治工作。

（2）煤矿企业应当按照规定定期对工作场所的职业危害因

素进行检测，并对职业危害因素的控制效果做出评价。

（3）煤矿企业应当向从业人员告知职业危害因素及应急处理方案。

（4）煤矿企业应当采取减少和消除职业危害因素的措施，并教育、督促从业人员在劳动中贯彻执行。

（5）煤矿企业应当制定职业危害事故应急救援预案，一旦发生事故，对受到职业危害的从业人员组织现场抢救，控制职业危害事故的蔓延和扩大。

3. 职业病的诊断及职业病人治疗

（1）职业病的诊断应当由省级以上人民政府卫生行政部门批准的医疗卫生机构承担。

（2）职业病诊断时，应当组织 3 名以上取得职业病诊断资格的执业医师进行集体诊断。

（3）当事人对职业病诊断有异议的，可以向做出诊断的医疗卫生机构所在地地方人民政府卫生行政部门申请鉴定。

（4）煤矿企业对疑似职业病病人应当及时安排诊断。

（5）煤矿企业对确诊为尘肺病的人员，必须调离粉尘作业岗位，并给予治疗或疗养，以减轻病人痛苦，提高生命质量，延缓病变发展，延长病人寿命。

三、健康监护基本要求

1. 职业健康的检查与评价

（1）对新录用、变更工作岗位的从业人员上岗前进行健康检查和评价。了解从业人员的健康状况，特别是发现有职业禁忌证的人员，为煤矿企业合理安置从业人员的工作岗位提供依据。同时，也可作为职业危害因素对人体健康危害的原始资料。

（2）对在岗的从业人员定期进行职业健康检查和评价。动态观察从业人员的健康变化状况，了解从业人员健康变化与职业危害因素的关系，及时发现疑似病患者，判断从业人员是否适合继续从事该岗位的工作。

（3）对准备调离该工种的从业人员进行职业健康检查和评价。分析从业人员与该工种职业危害因素的关系，找出其所在工作环境和条件存在的职业危害因素，以及对其身体健康的影响规律；检查工人是否患有职业病，以明确法律责任；对于有远期危害效应的职业危害因素，提出进行离岗后医学观察的内容和时限，为安置从业人员和保护从业人员健康权益提供依据。

2. 职业健康的检查方法

（1）煤矿企业对新入矿工人必须进行职业健康检查，并建立健康档案。

（2）煤矿企业对接尘工人的职业健康检查必须拍照胸片。

（3）煤矿企业应按照国家法律、法规和卫生行政主管部门的规定定期对接触粉尘、毒物及有害物理因素等的作业人员进行职业健康检查。

（4）煤矿企业职业健康检查的查体时间间隙必须符合下列要求。

1）对在岗接触粉尘作业的工人，岩石掘进工种每 2～3 年拍片检查 1 次；混合工种每 3～4 年拍片检查 1 次；纯采煤工种每 4～5 年拍片检查 1 次。

2）对离岗工人必须进行离岗的职业性健康检查。

3）对接触毒物、放射线的人员每年检查 1 次。

（5）职业性健康检查、职业病诊断、职业病治疗应由取得相应资格的职业卫生机构承担。

（6）Ⅰ 期尘肺患者每年复查 1 次。对疑似尘肺患者（O^+）、岩石掘进工种每年拍片复查 1 次，混合工种每 2 年拍片复查 1 次，纯采煤工种每 3 年拍片复查 1 次。

3. 职业健康监护档案的内容

（1）粉尘监测档案

煤矿企业必须按国家规定对生产性粉尘进行监测，并遵守下列规定。

1）总粉尘

①作业场所的粉尘浓度，井下每月测定 2 次，地面及露天煤矿每月测定 1 次。

②粉尘分散度，每 6 个月测定 1 次。

2）呼吸性粉尘

①工班个体呼吸性粉尘监测,采掘(剥)工作面每 3 个月测定 1 次,其他工作面或作业场所每 6 个月测定 1 次。每个采样工种分 2 个班次连续采样,1 个班次内至少采集 2 个有效样品,先后采集的有效样品不得少于 4 个。

②定点呼吸性粉尘监测每月测定 1 次。

3) 粉尘中游离 SiO_2 含量,每 6 个月测定 1 次,在变更工作面时也必须测定 1 次;各接尘作业场所每次测定的有效样品数不得少于 3 个。

(2) 防尘措施档案

尘肺病防治的根本措施是综合防尘,通过综合防尘,使工作环境的产尘量大幅度下降,达到国家或行业规定的标准。

(3) 个人职业健康检查档案

个人职业健康检查档案应当包括从业人员职业史、既往史、职业危害因素接触史、职业健康检查结果及处理情况、职业病诊断、治疗和疗养等有关个人健康的资料。

从业人员有权查阅、复印本人的职业健康监护档案的有关内容。

复习思考题

1. 简述煤矿农民工应得到的劳动保护。

2. 国家实行怎样的标准工作日制度?

3. 加班加点时实行怎样的经济补偿待遇?

4. 国家安全生产监督管理总局什么时候公布了《煤矿矿长保护矿工生命安全七条规定》?

5. 劳动者在用人单位连续工作满 10 年的，应当订立哪种类型的劳动合同?

6. 劳动合同订立的原则是什么?

7. 劳动合同应当具备哪些内容?

8. 劳动合同试用期期限有什么规定?

9. 被派遣劳动者享有与用工单位的劳动者什么相同的权利?

10. 在上下班途中受到非本人主要责任的交通事故伤害的，应当认定为工伤吗?

11. 煤矿主要有哪几种职业危害?

12. 职业病防治工作坚持什么方针?

13. 简述劳动过程中职业危害的防范措施。

14. 职业健康的检查与评价分几个时期进行?

15. 作业场所的总粉尘浓度井下每月测定几次?

第七章　自救互救和自救器使用

学习目的：

通过本章的学习，了解发生事故时现场人员的行动原则；基本掌握各种灾害事故时自救互救方法；煤矿农民工都应学习创伤现场急救知识，基本掌握创伤现场急救的主要方法；农民工应积极进行自救器及其使用方法的培训和训练，下井前必须达到 30s 内完成佩戴自救器的熟练程度。

第一节　发生事故时现场人员的行动原则

1. 及时报告事故

发生灾害事故后，事故地点附近的人员应尽量了解事故性质、地点和灾害程度，迅速地利用最近处的电话或其他方式向矿调度室汇报，并迅速向事故可能波及的区域发出警报，使其他地点作业人员尽快知道灾情。

报告事故时要尽量冷静，把事故情况说清楚；一时不清楚的，按领导指示在保证自身安全前提下再调查，第二次进行汇报。

2. 积极消除灾害

根据灾情和现场条件，在保证自身安全的前提下，采取积极有效的方法和措施，积极消除灾害，对受伤人员及时进行现场抢救，将事故消灭在初始阶段或控制在最小范围，最大限度减小事故造成的损失。

3. 加强个人防护

在灾害事故对个人自身安全构成威胁时，要及时加强个人防护，如佩戴自救器以防止有毒有害气体侵入、加固附近支架以防止顶板塌冒等。

4. 安全撤离灾区

当受灾现场不具备事故抢救的条件，或抢救事故可能危及人员安全时，应按规定的避灾路线和当时的实际情况，尽量选择安全条件最好且距离最短的路线，迅速撤离危险区域。

撤离时要做到有条不紊，应在有经验的班（组）长或老工人的带领下顺序撤退。

5. 妥善进行避灾

在灾变现场无法撤退时，如矿井冒顶堵塞、火焰或有害气体浓度过高无法通过和自救器有效工作时间内不能到达安全地点时，应迅速进入预先筑好的或就近快速建造的避难硐室、救生舱或压风自救硐室，妥善避灾，等待矿山救护队的救援。

在避灾时要注意给外面救援人员留有信号。如在岔口明显处挂上衣物、写上留言，用矿灯照亮，敲击铁管、顶板或金属支架发出声响。并注意不要暴饮暴食，不要情绪急躁盲目乱动。

第二节　灾害事故时自救互救方法

一、发生顶板事故时自救互救方法

1. 采煤工作面冒顶时自救互救方法

（1）迅速撤退到安全地点

当发现作业现场即将发生冒顶时，最好的方法就是迅速离开危险区，撤退到安全地点。

（2）躲在木垛下方或靠煤壁贴身站立

因为木垛支撑面积大，稳定性好，顶板一般不会压垮或推倒木垛，躲在木垛下方可以对遇险者起到保护作用。同时，煤壁上方的顶板由于受到煤壁的支撑作用，仍为整体，不致于变得破碎，顶板沿煤壁冒落的情况很少，冒顶时靠煤壁贴身站立相对比较安全。所以发生冒顶时，现场作业人员应立即躲在木垛下方或靠煤壁贴身站立。

（3）冒顶遇险后立即发出求救信号

遇险人员只要能呼叫和行动，就要发出有规律、不间断的求救信号，以便让外面未遇险人员及时组织抢扒营救。另外，冒顶后遇险人员发出求救信号，还可以给营救人员明确其所在的位置，避免抢扒行动走弯路，争取时间，快速扒到遇险人员附近。但是，在发出求救信号时，千万不要敲击对自己安全有威胁的物料和煤岩块，以免造成新的冒落，加剧对遇险人员自身的伤害。

（4）积极配合外部的营救工作

1）被围堵遇险人员应在遇险地点维护好附近支架，保持支护完整，保证冒顶范围不再向自己避灾地点蔓延扩大，确保遇险人员的生命安全。

2）被围堵遇险人员在有条件的情况下，应积极利用现场材料疏通脱险通道。配合外部的营救工作，为提前脱险创造条件。

2. 掘进工作面冒顶被堵时自救互救方法

（1）维护被困地点的安全

巷道发生冒顶时，被围困遇险人员应该利用现场材料维护加固冒落区的边缘和避灾地点的支架，并经常进行检查，以防止冒顶继续扩大至避灾地点，防止避灾地点发生新的冒顶，保障被围困人员的安全。

（2）及时汇报被围困情况

若被围困地点附近有电话，应及时用电话向矿调度室汇报冒顶位置、冒顶范围、被围困人数和计划采取的应急自救互救措施。在未征得上级领导同意时，不要盲目行动。

（3）打开压风管和自救系统阀门

若被围困地点附近有压风管或压风自救系统，应及时打开阀门；如果压风管在该处没有阀门，可以临时拆开管路，给被围困巷道空间输送新鲜空气，稀释瓦斯和其他有害气体浓度，同时注意被围困遇险人员的身体保暖。

（4）发出求救信号

被围困遇险人员应采用敲击钢轨、铁管、铁棚、顶底板和矸石等物件的方法，向外发出有规律的求救信号，要注意外面是否有人说话的声音，若听到应立即对外喊话联系，以便营救人员了解灾情，更迅速地组织力量积极抢救。

（5）做好长期避灾准备

被围困遇险人员应在避灾地点迅速组织起来，听从班（组）长和有经验老工人的安排和指挥。要尽量减少体力消耗，有计划地食用食物，轮换着打开矿灯，做好长时间避灾待救的思想和物质准备。若被围困时间较长，不要过量吃外面通过钻孔输送进来的食物。

（6）创造条件脱险逃生

被围困遇险人员在有条件的时候，应积极利用现场材料疏通脱险通道，创造条件脱险逃生；或者配合外部的营救工作，为提前脱险创造条件。

二、发生瓦斯煤尘爆炸事故时自救互救方法

1. 发生瓦斯煤尘爆炸事故时自救互救方法

（1）瓦斯煤尘爆炸前预兆

据亲身经历过爆炸现场的人员讲，瓦斯煤尘爆炸前感觉到

附近空气有颤动的现象发生，有时还会发出"嘶嘶"的空气流动声音，人的耳膜有震动感觉。当然这些预兆都是轻微不明显的。所以，井下人员在现场不要打闹、嬉戏、斗殴，要集中精力观察周围发生的一切，一旦遇到或发现以上现象，就要意识这是发生爆炸事故的预兆，就有可能马上发生爆炸事故，应该立即沉着、冷静、迅速地采取应急自救互救措施。

（2）背向空气颤动的方向俯卧在地

当发现爆炸预兆，或者爆炸事故发生后听到爆炸声响和感觉到空气冲击波时，现场作业人员要立即背向空气颤动的方向，俯卧在地，面部贴在地面，双手置于身体下面，闭上眼睛，以减少受冲击面积，避开冲击波的强力冲击，减少伤害的程度。

（3）用衣物护好身体避免烧伤

爆炸高温火焰延续的时间极短，一瞬即过。矿工在井下一定要正确穿戴劳动保护用品。瓦斯煤尘爆炸时，要用衣物护好身体，避免烧伤。

（4）立即佩戴自救器

爆炸事故发生后，产生大量有害气体，容易造成现场人员中毒窒息，这是爆炸事故死亡人数多的主要原因。现场作业人员应立即佩戴好自救器，迅速撤出受灾巷道，到达新鲜风流处。禁止无任何救护仪器和防护条件的工人盲目进入灾区抢险，以免造成无谓死亡，防止事故扩大。

（5）迅速撤离灾区

爆炸事故发生后，现场作业人员要佩戴好自救器，选择距离最近、安全可靠的避灾路线，迅速撤离灾区，到达新鲜空气处。在撤退时尽量注意弯下腰沿巷道下部前进，因为瓦斯密度较小，在巷道下部瓦斯含量较少。

（6）在安全地点妥善避灾待救

在爆炸事故发生后，如果往安全地点撤退的路线受阻，或者冒顶、积水使人难以通过时，不要强行跨越，应当迅速地就近选择地点妥善避灾待救。避灾地点应选择通风良好、支护完好的安全地点。在避灾中应注意以下几点。

1）利用一切可以利用的现场材料修建临时避难硐室，等待外面救援人员前来营救。

2）在避灾地点外面构筑风障、挡板，留标记、衣服等物品，防止有害气体侵入，方便救援人员发现。

3）如附近有压风管路或压风自救系统，应及时打开阀门，放出新鲜空气并戴上呼吸器。

4）在避灾地点要使用一盏矿灯照明，其余矿灯全部关闭。所剩食品和水要节约饮用，做好长时间避灾的准备。

2. 发生煤与瓦斯突出事故时自救互救方法

（1）立即撤离现场

当煤与瓦斯突出出现预兆特征时，要立即撤离现场，决不犹豫。

（2）迅速佩戴隔离式自救器

突出矿井的入井人员必须携带隔离式自救器。一旦发生煤与瓦斯突出，迅速打开外壳，佩戴好隔离式自救器，马上往安全地点撤退。

（3）预防延期突出

必须随时提高警惕，注意预防延期突出带来的危害。现场作业人员要做到：只要出现突出预兆必须立即撤退到安全地点，待确认不会发生突出后再返回现场进行作业。

（4）安全撤退，妥善避灾

1）煤与瓦斯突出预兆出现后，现场作业人员要迎着风流沿避灾路线往矿井安全出口方向撤退。

2）如附近设置有防突反向风门，要迅速撤退到附近的防突反向风门之外，把防突反向风门关好后继续外撤。

3）如附近安装有压风自救系统，要立即躲到压风自救系统中待救；也可寻找有压风管路或铁风管的巷道硐室暂避，打开压风管路或铁风管的阀门，形成正压通风，以延长避灾时间，并设法与外界保持联系。

4）要避免在撤退时或避灾待救时发生金属物件碰撞产生火花，引发瓦斯爆炸事故。

5）撤离安全距离与突出强度有关，要按照本矿防突措施的规定撤到安全地点。

三、发生火灾事故时自救互救方法

1. 及时扑灭初始火灾

火灾一般都是由小变大的，而且这个过程要延续一段时间。在现场及时发现火情，能有效地将火灾扑灭在初始阶段。

现场作业人员扑灭初始火灾的主要方法就是进行直接灭火。根据现场具体条件，可以采用喷射化学灭火器灭火、用水灭火、用沙子覆盖火源等方法。

2. 迅速撤离火灾现场

矿井火灾发生后，火势很大，现场作业人员不能采用直接灭火的方法将火扑灭，或者现场不具备直接灭火的条件，应迅速撤离火灾现场。

（1）立即佩戴自救器撤离灾区

矿井发生火灾后，空气中会形成大量的一氧化碳、二氧化碳等有害气体，所以在撤离火灾现场时必须佩戴自救器。否则，可能使撤离过程中的人员中毒、窒息，甚至死亡。

（2）弄清事故和灾区情况，迅速撤到安全地点

位于火源进风侧的人员，应迎着新鲜风流撤退；位于火源回风侧的人员，如果距离火源较近且越过火源没有危险时，可迅速穿过火区冲到火源的进风侧。撤退时应在靠近巷道有连通出口的一侧，以便寻找有利时机进入安全地点。

（3）在高温烟雾巷道中撤退

1) 一般情况下不要逆烟雾风流方向撤退，因为这样会有很大的危险性。在特殊情况下，如在附近有脱离灾区的通道出口，又有把握脱险时，或者只有逆烟撤退才有求生希望时，才采取逆烟流方向撤退。

2) 在有高温烟雾巷道里撤退时，注意不要直立奔跑。在烟雾不严重时，应尽量躬身弯腰，低着头迅速行进；而在烟雾大、视线不清或温度高时，则应尽量贴着巷道底板及其一侧，摸着铁道、管道或棚腿等急速爬出。

3) 在高温浓烟巷道中撤退时，还应利用水沟中的水、顶板和巷壁淋水或巷道底板积水浸湿毛巾、工作服或向身上洒水等方法进行人体降温，减小体力消耗；同时，还应注意利用随身物件或巷道中的风帘布等遮挡头面部，以防高温烟气的刺激和伤害。

3. 妥善避灾，等待救援

当矿井火灾发生后，因其他原因巷道阻塞、人员无法通过时，都应迅速进入避难硐室。如果附近没有避难硐室，应在烟雾袭来之前，选择合适地点，利用现场条件和材料快速构筑临时避难硐室，进行现场应急自救互救；或者撤到烟雾扩散不到的独头巷道中，利用工作服、风帘布等防止烟气侵入。

四、发生透水事故时自救互救方法

1. 矿井透水时现场作业人员要迅速撤离灾区

（1）现场作业人员在钻眼时，发现钻孔中意外出水，要立即停止钻进，并且不要将钻杆拔出，及时向矿调度室汇报。

（2）在突水迅猛的情况下，现场作业人员应避开出水口和水流，迅速躲避到附近硐室、拐弯巷道或其他安全地点。

（3）在透水时水流急来不及躲避的情况下，现场作业人员应抓住棚子或其他固定物件，以防被水流冲倒、带跑。附近没有棚子或其他固定物件时，现场作业人员应互相手拉手、肩并肩地抵住水流。

（4）如果矿井透水的水源为采空区积水，使灾区有害气体浓度增加时，现场作业人员应立即佩戴自救器。

（5）在透水危及现场作业人员安全时，应按照规定的安全避灾路线，迅速撤离灾区，并关闭有关巷道的防水闸门。

（6）在正在涌水的巷道中撤离时，应靠近巷道的一侧，抓牢巷道中的棚腿和棚梁、水管、压风管和电缆等固定物件；尽量避开压力水头和水流；注意防止被涌水带来的矸石、木料和设备等撞伤；双脚要站实踩稳，一步步前进，避免在水流跌倒。万一跌倒，要双手撑地，尽量使头部露出水面，并立即爬起。

（7）如果在撤退途中迷失方向，且安全标记已被水冲毁，一般应沿着风流通过的上山巷道撤退。

（8）在条件允许的情况下迅速撤往透水地点以上巷道，而不能进入透水地点附近或透水地点的下方独头巷道。

2. 透水后被围困人员应急自救互救

矿井透水后，当现场作业人员撤退路线被涌水阻挡去路时，或者因水流凶猛而无法穿越时，应选择离井筒或大巷最近处、地势最高的上山独头巷道暂避。迫不得已时，还可爬上巷道顶部高冒空间，等待矿上救援人员的到来，切忌采取盲目潜水逃生等冒险行动。

被围困时应注意如下问题。

（1）进入避难地点以前，应在巷道外口留设文字、衣物等明显标记，以便救援人员能及时发现，组织营救。

（2）对避难地点要进行安全检查和必要的维护，支护不好、插背不严的要利用就近材料处理好。还应根据现场实际需要，设置挡帘、挡板或挡墙，防止涌水和有害气体的侵入。

（3）在避难地点进行避难待救时，应间断地、有规律地敲击铁管、铁轨、铁棚或顶底板等物体，向外发出求救信号。

（4）在避难地点若无新鲜空气，或有害气体大量涌出，但附近又有压风管，应及时打开压风管阀门，放出新鲜空气，供被困人员呼吸。如果附近有压风自救系统，应及时打开自救系统。

（5）注意避灾时的身体保暖。若有湿衣服应该将其拧干；若多人同在一处避难，可互相依偎紧靠取暖，或将双脚埋在干煤堆中保暖。

（6）注意节省矿灯的能量。若多人同在一起避灾，只使用一盏矿灯照明，熄灭其他矿灯，以保证灾区尽量长时间照明。

(7) 被围困期间断绝食物后，遇险人员少饮或不饮不洁净的水，以免中毒。需要饮水时就选择适合的水源，并用干净衣布过滤。不能吞食煤块、胶带、电缆皮、衣料、纸团、棉絮和木料等物品。

(8) 当矿井救援人员到来时，遇险人员要控制住自己的情绪，防止过度兴奋和慌乱；不可吃过量、过硬食物；要避开强烈光线，防止伤害眼睛。

第三节　创伤现场主要急救方法

煤矿农民工都应学习创伤现场急救知识，掌握创伤现场急救的主要方法。创伤现场急救主要方法包括人工呼吸、心脏复苏、止血、创伤包扎、骨折临时固定和伤工搬运等。

一、人工呼吸

人工呼吸适用于触电休克、溺水、有害气体中毒窒息或外伤窒息等引起的呼吸停止、假死状态者。短时间内停止呼吸者都能用人工呼吸方法进行抢救。

人工呼吸主要有口对口吹气法、仰卧压胸法、俯卧压背法和举臂压胸法4种，其中口对口吹气法即急救者的口对着伤工的口，向伤工的肺里吹气方法，是效果最好、操作最简单、应用最普遍的一种人工呼吸方法。

人工呼吸法如图 7—1 所示。

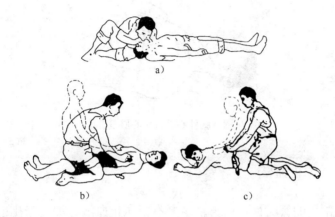

图 7—1 人工呼吸

a) 口对口吹气法 b) 仰卧压胸法 c) 俯卧压背法

二、心脏复苏

心脏复苏主要有以下两种方法。

1. 心前区叩击法

在心脏停搏后 90 s 内，心脏的应激性是增强的，叩击心前区往往可以使心脏恢复跳动。

2. 胸外心脏按压法

此法适用于各种原因造成的心跳骤停者，操作简单，效果明显，随时随地都可采用，所以应用范围较广。

胸外心脏按压心脏复苏法如图 7—2 所示。

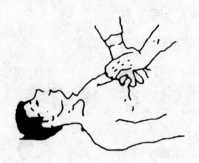

图 7—2　胸外心脏按压心脏复苏法

三、止血法

常用的暂时性止血方法主要有指压止血法、加压包扎止血法、加垫屈肢止血法、绞紧止血法和止血带止血法等。

常见止血方法如图 7—3 所示。

四、创伤包扎

包扎可使用绷带、三角巾、毛巾、手帕、衣片等材料。

绷带包扎法有环形法、螺旋法、螺旋反折法和"8"字法等。

三角巾包扎法有面部包扎法、头部包扎法、肩部包扎法、胸（背）部包扎法、腹部包扎法和手足包扎法等。

毛巾包扎法有头部包扎法、面部包扎法、下颌包扎法、肩部包扎法、胸（背）部包扎法、腹（臂）部包扎法、膝部包扎法、前臂（小腿）包扎法和四头带（将折叠好的方

手指的止血
压点及其止
血区域

手掌的止血
压点及其止
血区域

前臂的止血
压点及其止
血区域

肱骨动脉止血
压点及其止
血区域

下肢骨动脉止
血压点及其止
血区域

前头部止血
压点及其止
血区域

后头部止血
压点及其止
血区域

面部止血
压点及其
止血区域

锁骨下动脉
止血压点及其
止血区域

颈动脉止血
压点及其
止血区域

a)

b)

c)

图 7—3　止血法

a) 指压止血法　b) 加垫屈肢止血法　c) 止血带止血法

形敷料的四个角各接一小带而成，在井下现场可以利用宽
布料或毛巾来制作。此法适用于鼻、眼、下颌、前额及后
头部的伤口包扎）。

五、骨折的临时固定

临时固定骨折的材料主要有夹板和敷料。夹板有木质的和金属的，在作业现场可就地取材，利用木板、木柱、竹笆等临时制成。敷料是用做垫子的棉花、纱布、衣服布片以及固定夹板用的三角巾、绷带、布条和小绳等。在不用夹板固定时，也可采用伤工身上衣物进行临时固定。

骨折的临时固定方法主要有前臂骨折、上臂骨折、小腿骨折、大腿骨折、锁骨骨折和肋骨骨折的临时固定方法。

六、伤工搬运

伤工搬运有以下两种方法。

1. 徒手搬运法

（1）单人徒手搬运法

1）扶持法：对于受伤不严重的伤工，急救者可以扶持着他走出。

2）背负法：急救者背向伤工，让伤工伏在背上，双手绕颈交叉下垂，急救者用双手抱住伤工大腿。如果巷道太低或伤工本人因伤不能站立，急救者可躺于伤工一侧，一手紧握其肩，另一手抱其腿用力翻身，使其伏到急救者背上，而后慢慢爬行或站立行走。

3）肩负法：把伤工扛在右肩上，急救者右手抱住伤工的双腿与右手。

4）抱持法：把伤工抱起，急救者右手扶住其背，左手托住其大腿。

单人徒手搬运法如图 7—4 所示。

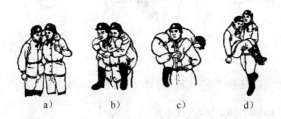

图 7—4　单人徒手搬运法

a) 扶持法　b) 背负法　c) 肩负法　d) 抱持法

（2）双人徒手搬运法

1）双人抬坐法：两名急救者将手搭成"井"字形并握紧，让伤工坐在上面，伤工的双手扶住急救者的肩部。

2）双人抱托法：急救者一人抱住伤工的肩部和腰部，另一人托住其臀部及腿部。

双人徒手搬运法如图 7—5 所示。

2. 担架搬运法

对重伤工一定要用担架搬运。若现场设有专门的医用担架，可就地取材，用木板、竹笆、衣服、绳子、毛毯、木棍、风筒布、塑料网及刮板输送机槽等临时制成简易担架。

图 7—5　双人徒手搬运法

a) 手搭"井"字形　b) 双人抬坐法　c) 双人抱托法

用担架搬运伤工有如下注意事项。

（1）用担架抬运伤工时，应使其脚在前、头在后。这样可以使后面的抬送人员随时看清其面部表情，如发现异常情况，能及时停下来进行抢救。

（2）搬运过程中，动作要轻，脚步要稳，步伐一定要迅速而一致，要避免摇晃和震动，更不能跌倒。

（3）沿斜巷往上搬运时，应头在前、脚在后，担架尽量保持前低后高，以保证担架平稳，使伤工舒适；沿斜巷往下搬运时则反之。

（4）在抬运转送伤工过程中，一定要为伤工盖好毯子或衣服，使其身体保暖，防止受寒受冻。

（5）将伤工抬运到矿井大巷后，如有专用车辆转送，一定要把担架平稳地放在车上并始终用手扶住担架。

第四节 自救器及其使用方法

一、自救器概述

自救器是一种轻便、体积小、便于携带、使用便利、作用时间较短的个人呼吸保护装置。入井人员必须随身携带自救器。

【事故实例】 2010 年 5 月 29 日，湖南省郴州市汝城县曙光煤矿主平硐以里约 150 m 处的简易爆炸材料硐室内存放的炸药发生燃烧与爆炸，产生大量有毒有害气体，由于没有给井下作业人员配备自救器，造成 17 人死亡、1 人受伤。

1. 自救器的分类

自救器按其工作原理不同，可分为过滤式自救器和隔离式自救器两大类。由于过滤式自救器安全可靠性较差，2011 年 1 月 27 日国家安全生产监督管理总局、国家煤矿安全监察局颁发的《禁止井工煤矿使用的设备及工艺目录（第三批）》中规定：一氧化碳过滤式自救器自发布之日起 1 年后禁止使用。

根据氧气生成原因不同，隔离式自救器又可分为化学氧自救器和压缩氧自救器两类。

2. 自救器使用一般注意事项

（1）自救器由矿井集中管理，实行专人专用。自救器的专管人员负责自救器的日常检查和维护，随身携带的化学氧自救器每月检查 1 次，压缩氧自救器每半年检查 1 次。受到剧烈撞击、有漏气可能的自救器，应随时进行气密性和增重检查。

（2）凡开启过的化学氧自救器，无论使用时间长短，都应报废，不准重复使用。开启过的压缩氧自救器，应由维修人员进行涮洗、消毒、充气和更换二氧化碳吸收剂。

（3）矿井应当负责对下井人员进行自救器及其使用方法的培训和训练。新工人下井前必须达到 30 s 内完成佩戴自救器的熟练程度。

（4）化学氧自救器佩戴初期，生氧剂放氧速度慢，如果条件允许，应尽量缓慢行进，如没有被炸、被烧、被埋和被堵的危险时，等氧足够呼吸时再加快速度。撤退时最好按 $4\sim$ 5 km/h 的速度行走，呼吸要均匀，千万不要跑。

（5）佩戴过程中口腔产生的唾液可以咽下，也可任其自然流入口水盒中，决不可拿下口具往外吐；同时不能因为擤鼻涕而摘掉鼻夹。

（6）在未到达安全可靠的新鲜风流以前，严禁以任何理由摘下鼻夹和口具。

（7）下井时自救器应当随身携带，不能乱扔乱放，也不准井下集中存放。要注意爱护保管好自救器。发现自救器出现异常现象不能擅自打开修复，应当及时交给矿井自救器的专管人员进行检查和维护。

二、化学氧自救器及其使用方法

化学氧自救器是利用化学药品和人体呼出气体中的水汽和二氧化碳相结合，经生氧反应装置产生氧气的个人呼吸救护装置。

化学氧自救器外形如图 7—6 所示。

图 7—6　化学氧自救器外形

1. AZH-40 型化学氧自救器型号

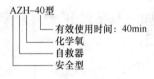

AZH-40 型化学氧自救器有效使用时间：撤离灾区时为 40 min，静坐时为 160 min。

2. AZH-40 型化学氧自救器结构和工作原理

（1）AZH-40 型化学氧自救器结构

1）保护壳体。保护壳体主要有外壳、封口带、背带和腰带。外壳包括外壳盖和外壳体。外壳盖下口有密封胶圈，外壳盖和外壳体扣合后，通过封口带上的压紧扳手将密封圈压紧，使之达到密封的目的，以防内部呼吸系统遭受外界不良条件的损害。背带和腰带通过背带环固定在外壳体上，用以携带自救器并将其固定在腰间以防止行走时摆动。

2）呼吸系统。呼吸系统由装有生氧剂的药缸、启动装置、气囊、呼吸导管、口水降温盒、口具、口具塞和鼻夹组成，形成一个往复式的呼吸通道。

（2）AZH-40型化学氧自救器工作原理

该自救器的呼吸系统为循环式气路。其呼吸过程如下：

佩戴开始，首先启动氧烛13，使它快速生氧充满贮气袋组15，供给佩戴者初期呼吸所需要的耗氧量。然后，戴上口具21，夹上鼻夹。

呼气时，呼出的气体经过口具21→呼吸软管20→呼吸阀18→贮气袋组15中呼气软导管19→经呼气硬导管10→药罐1底部；然后，呼出气流经折转扩散向上；呼气中的水汽与二氧化碳同药罐1中的药片8反应生成氧气，氧气再向上流动，经贮气袋组15与药罐1接口进入贮气袋组储存。

吸气时，在人肺部的负压作用下，贮气袋15中的气体经呼吸阀18的吸气阀门，再经呼吸软管20，最后由口具21吸入人的肺部，供给佩戴者的呼吸。

当产生的氧气量超过人呼吸需要量时，排气阀就开始排气；当压力降至100 Pa时，排气阀自动关闭，保证佩戴者正常呼吸。

AZH-40 型化学氧自救器系统如图 7—7 所示。

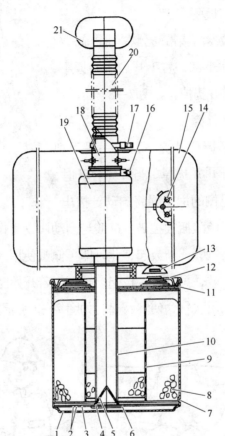

图 7—7　AZH—40 型化学氧自救器结构

1—生氧药罐外壳　2—下承板组　3—下滤尘垫　4—孔用弹性挡圈　5—下滤尘网

6—小压圈　7—大压圈　8—生氧药片　9—散热片组　10—呼气硬导管　11—补

偿弹簧　12—药罐上盖组　13—氧烛　14—排气阀　15—贮气袋组　16—尼龙卡

箍 A　17—尼龙卡箍 B　18—呼吸阀　19—呼气软导管　20—呼吸软管　21—口具

3. 化学氧自救器佩戴步骤

（1）开启扳手

先将自救器沿腰带转到右侧腹前，左手托住外壳体下部，右手开启压紧扳手，把封口带拉开并扔掉，如图7—8所示。

（2）打开外壳

用一只手握住外壳体，另一只手把外壳盖用力扯开并扔掉。当外壳打开时，系在外壳盖里侧的尼龙绳将启动针拔出。

图7—8　开启扳手

这时，葫芦形硫酸瓶被拉破，硫酸与启动块发生作用，放出大量氧气，并使气囊逐渐鼓起，此时即可佩戴使用。若尼龙绳被拉断，气囊未鼓，可以直接拉起启动环。若开始时气囊鼓起困难，可用嘴往里吹气，使其鼓起。如图7—9所示。

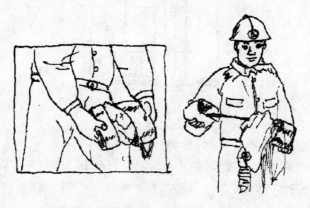

图7—9　打开外壳

（3）挎上背带

将呼吸导管一侧贴身，把背带挎在脖子上，并调整好其长度，如图7—10所示。

（4）咬住口具

拔掉口具塞并立即将口具放入口中，口具片置于唇齿之间，牙齿紧紧咬住牙垫，紧闭嘴唇，如图7—11所示。

图7—10　挎上背带　　　　　图7—11　咬住口具

（5）戴上鼻夹

两手同时抓住鼻夹垫的两个圆柱形把柄，将弹簧拉开，憋住一口气，使鼻夹垫准确地夹住鼻子下半部软处，使佩戴者不能通过鼻孔进出气。如图7—12所示。

（6）绑口水盒

将口水降温盒的绑带顺着面部，经过两耳上方系于头后，如图7—13所示。

图7—12　戴上鼻夹

图7—13　绑口水盒

（7）系好腰带

将腰带的一头绕过后腰与另一头接上，并调整好其长度，以防止自救器摆动，如图7—14所示。

（8）撤离灾区

上述1～7步骤完成后，用手托住外壳体迅速撤离灾区。若感到吸气不足时，应放慢脚步，做长呼吸，待气量充足时再快步行走。

4. 使用化学氧自救器注意事项

（1）应当注意随时检查自救器外部有无损伤，封印条是否断开，如外壳有严重的凹坑、裂纹和穿孔

图7—14　系好腰带

等，或封印条断开，应停止使用。

（2）应当注意观察漏气指示窗的变化情况，如发现指示窗药剂变成了淡红色，则自救器需要进行维护。

（3）如果吸进的气温较高或较干燥，表明自救器内药品的化学反应正常，应坚持佩戴自救器。

（4）如果初戴时感到吸进的气体中有轻微的盐味或碱味，这是暂时现象，千万不要摘下自救器。

（5）在初次使用时，特别是启动后刚刚生氧，不要用手去压贮气袋。并要注意爱护使用，避免贮气袋被刺破漏气。

（6）万一自救器启动装置不引发生氧，佩戴者可以向贮气袋呼气至贮气袋鼓起，再戴上鼻夹，即可正常行走。

（7）当阻力明显增加，贮气袋中充气不断减少，表示该自救器使用将到终点。

（8）化学氧自救器只能不间断地使用1次，之后予以报废，不得再次使用。报废工作由矿井有关部门按规定进行，不能随意处置、乱扔乱放，否则可能引发火灾。

（9）携带自救器时，应尽量减少碰撞，严禁将其当坐垫使用或用其他工具敲砸自救器，特别是内缸。

（10）长期存放自救器的地点，应避免日光照射和热源直接影响，不要与易燃、易爆和有强腐蚀性物质同放一室。存放地点应尽量保持干燥。

三、压缩氧自救器及其使用方法

压缩氧自救器本身装有高压氧气瓶，佩戴时人员呼吸所需要的氧气由高压氧气瓶供给，所以不受外界空气成分的限制。

1. AZY-45 型压缩氧自救器型号

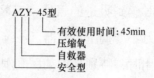

AZY-45 型压缩氧自救器有效使用时间：≥45 min（中等劳动强度）。

2. 压缩氧自救器结构和工作原理

（1）压缩氧自救器结构

AZY-45 型压缩氧自救器主要由以下零部件组成：上下外壳 1、氧气瓶 2、减压器 3、氧气袋 10、排气阀 11、清净罐 12、口具与呼吸软管 6、鼻夹 7。

（2）压缩氧自救器工作原理

佩戴时打开氧气瓶开关 5，这时氧气瓶 2 的高压气体，通过减压器 3 及定量孔以 1.4±0.2 L/min 的流量进入氧气袋 10 中。吸气时，氧气袋 10 中的气体经清净罐 12 过滤二氧化碳后，再经过口具和呼吸导管 6 进入人的肺部；呼气时，呼出的气体经口具和呼吸软管 6 和清净罐 12 过滤二氧化碳后，送入氧气袋 10 中，这样就形成了单管往复式闭路循环呼吸系统。

当氧气袋中呈现负压时，用手动补给大于 60 L/min 的流量快速向氧气袋中补气，以保证人员佩戴时正常地进行呼吸。

AZY-45 型压缩氧自救器结构如图 7—15 所示。

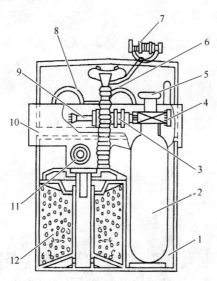

图 7—15　AZY-45 型压缩氧自救器结构

1—外壳　2—氧气瓶　3—减压器　4—压力计　5—氧气瓶开关　6—口具与呼吸软管

7—鼻夹　8—眼镜　9—自动补给端　10—氧气袋

11—排气阀　12—清净罐（二氧化碳吸收剂）

3. 压缩氧自救器佩戴步骤

(1) 开启扳手

将自救器转到右侧腹前，左手托住下壳，右手开启压紧扳手，把封口带拉开并扔掉。

（2）掰开外壳

两手紧握自救器两端，用力将外壳掰开。打开上盖，然后左手抓住氧气瓶，右手用力向上提上盖，系在上盖里侧的尼龙绳连接的拉环将氧气瓶开关自行打开。扔掉上盖，接着将主机从下壳中取出并扔掉下壳。这时，氧气瓶中放出的氧气将氧气袋鼓起，此时即可佩戴呼吸。在呼吸的同时，按动补给按钮，1～2 s时间内将氧气袋充满后立即停止。

（3）套上脖带

将矿工安全帽取下，套上脖带，再戴上矿工帽。

（4）咬住口具

拔开口具塞并立即将口具放入口中，口具片置于唇齿之间，牙齿紧紧咬住牙垫，紧闭嘴唇。

（5）戴上鼻夹

两手同时抓住鼻夹垫的两个圆柱形把柄，将弹簧拉开，憋住一口气，使鼻夹垫准确地夹住鼻子下半部软处，佩戴者不能通过鼻孔进出气。

（6）挂上腰钩

将腰钩挂在腰带上，防止自救器摆动。

（7）撤离灾区

以上1～6步骤完成后，用手托住主机迅速撤离灾区。在使用过程中，如发现氧气袋空，供气不足时，要按动手动补给阀，1～2 s后将要充满氧气袋时立即停止。

4. 使用压缩氧自救器注意事项

压缩氧自救器的优点是工作性能稳定可靠，操作简单，供气灵敏，佩戴温度低，在每次使用后只需要更换吸收二氧化碳的氢氧化钙吸收剂和重新充装氧气即可重复使用，不受使用年限的限制。自救器出现故障也可以进行修理。但压缩氧自救器价格较贵，所以在使用时要特别加以保管爱护。

（1）压缩氧自救器氧气瓶中装有高压氧气，携带过程中要防止撞击、磕碰或当坐垫使用，更不能用锤子砸自救器。注意防止刺破氧气袋。

（2）携带过程中严禁开启扳手，以免打开外壳，防止事故时佩戴无氧气供给。

（3）佩戴时不要说话，必要时用手势联系。在佩戴时吸入气温较高是正常现象，必须坚持佩戴。

（4）在携带过程中应经常检查自救器结构的完整性和完好性，一旦发现问题，立即维修，否则不能携带下井。胶制零部件发生变形、龟裂或损坏，应及时更换，在保存条件较好的情况下，呼吸软管可每5年更换一次。

（5）井下使用的压缩氧自救器要定期和随时检查氧气压力。如发现压力指示值小于 18 MPa（20℃时），应停止使用，并进行维修和重新充氧。

（6）自救器应定期进行性能检查，并将检查结果做好记录并保存备查。自救器氧气瓶每3年进行一次耐压试验。

（7）使用环境低于 0℃时，中断使用后不允许继续使用。

（8）自救器在使用、存放时，均不得与油污、腐蚀性物质接触，不能与易燃、易爆品一起存放。

（9）不允许用本自救器代替工作型氧气呼吸器，从事与自救器不相符的工作。

（10）每次使用后，都要重新充氧和更换 CO_2 吸收剂 $Ca(OH)_2$，换吸收剂前要将氧气袋、呼吸软管、口具、口具塞等彻底清洗消毒，晾干后再进行组装，并用食用淀粉涂在氧气袋上。清洗剂最好是中性的。

复习思考题

1. 发生事故时现场人员的行动原则是什么？

2. 为什么冒顶遇险后应立即发出求救信号？

3. 冒顶遇险后如何配合外部的营救工作？

4. 如何做好长期避灾准备？

5. 当发现爆炸预兆，为什么应背向空气颤动的方向俯卧在地？

6. 矿井火灾发生后什么情况下应迅速撤离火灾现场？

7. 矿井火灾发生后怎样撤到安全地点？

8. 在高温烟雾巷道中撤退应注哪些事项？

9. 在正在涌水的巷道中撤离应注哪些事项？

10. 创伤现场急救主要有哪些方法？

11. 人工呼吸适用于哪些伤工?

12. 如何单人徒手搬运伤工?

13. 用担架搬运伤工一般有哪些注意事项?

14. AZH-40 型化学氧自救器撤离灾区时有效使用时间是多少?

15. 佩戴自救器时如何戴上鼻夹?

16. 简述压缩氧自救器佩戴步骤。

17. 井下使用的压缩氧自救器发现压力指示值小于多少时应停止使用?